景观空间分析

翟艳　赵倩　著

中国建筑工业出版社

图书在版编目（CIP）数据

景观空间分析／翟艳，赵倩著.—北京：中国建筑
工业出版社，2015.8
ISBN 978-7-112-18386-9

Ⅰ.①景…　Ⅱ.①翟…②赵…　Ⅲ.①景观设计
Ⅳ.①TU986.2

中国版本图书馆CIP数据核字（2015）第196028号

责任编辑：杨　晓
责任校对：李美娜　刘　钰

景观空间分析
翟艳　赵倩　著

*

中国建筑工业出版社出版、发行（北京西郊百万庄）

各地新华书店、建筑书店经销
北京锋尚制版有限公司制版
北京中科印刷有限公司印刷

*

开本：787×1092毫米　1/16　印张：13¾　字数：403千字
2015年8月第一版　2015年8月第一次印刷
定价：68.00元
ISBN 978-7-112-18386-9
（27650）

前　言

　　在景观设计与项目完成的实践中，需要面对和解决许多问题：优秀的景观设计师需要具备哪些专业素养？如何在设计思维上完成二维向三维的空间转化？景观设计有怎样的理论结构？景观的空间构成要素有哪些？如何剖解其生态、构成及构造要素之间的关系？路网结构如何与功能空间衔接？优秀设计作品的创意来源于何处，可以利用什么样创作方法、原则和表现？设计师需具备什么样的基本技能？景观设计创作的一般程序是什么？

　　本书针对景观设计与创作的专业特点，将培养设计师的综合分析能力、创新思维能力、设计实践能力作为通往设计的桥梁，在全面系统介绍景观设计理论知识和专业技能的基础上，重点剖析景观空间的构成与设计方法。

　　第1章概述是对景观设计专业的基本认识与理解，包括概念、历史沿革、相关学科发展与专业要求、培养目标、学科发展前景等内容，重点在于培养设计师对景观设计形成基本的认识和理解。

　　第2章生态环境是景观空间设计首要考虑的前提，制约和影响着空间的利用和塑造方式。通过对生态环境中的气候、地形地貌、植被景观、水体等景观空间相关联的各要素分析，使景观设计更好地融于生态环境，并运用景观空间中的生态要素促进适宜的生态环境。

　　第3章景观空间的营造要体现一定的美感，从形体、色彩、材质以及光影的角度去塑造空间。点、线、面、体是景观形体的基础要素，各部分统一协调于景观环境中。色彩是景观的情绪表达，材质相当于景观的皮肤，自然光影赋予了景观强烈的生命力，增加了空间的灵动性和层次感。

　　第4章景观空间的形成和限定，主要依靠地面和垂直面两大面的构成，不同的垂直要素和地面铺装的组合可以构成特质各异的景观空间。垂直面的构成元素包括墙体、栅栏等构筑物与建筑小品以及植物，地面主要由铺装形式、铺装材料及植被组成。

　　第5章叙述功能要素在景观环境中与人的关系。座椅除满足人们休息的基本生理需求之外，更应该思考如何满足人们交流与观赏的社会心理需求，园灯用来照明和营造景观氛围，亭廊遮荫纳凉，雕塑表达主题和美化环境，用水器解决户外饮水与清洁的需求，也在无形中彰显社会文明与发展的程度，标识牌提供景观信息，树池保护树根、防止水土流失等。功能要素造型设计要既具有使用功能，又能增加环境的美感，达到实用与美观的目的。

第6章着重探讨了景观空间设计的形式法则、构成原理和设计思维及表现方法，通过对空间组织形式的解析，让设计师把握设计的基本规律和表现手法。

第7章进一步结合设计实践，详细介绍景观设计的调研、分析、策划、创意、表现及施工的整体流程，使设计师理解专业理论与设计实践、创意与规范化表达的关系。

本书探讨景观空间的认知到构成形式到设计语言的相继生成，研究重点放在如何理解景观空间的组合规律、相互关系和构成形态，以及环境和人的相互影响。培养景观设计师设计理性、生态思维、空间解析能力，会让新入门景观设计的设计师与同学学以致用，理解什么是景观设计及如何去设计景观。

本书不仅具有参与景观设计实践的实用性，还具有景观艺术设计理论的基础性，融入大量的时尚信息，在知识原理讲授的过程中列举了不同景观空间的大量设计方法，同时补充了与课程相关的国内外最新设计作品，开阔学生与设计师的设计视野，增加其信息量和时代感。

本书内容在燕山大学、北京服装学院等高校的环境艺术设计专业经过了近16年的社会项目与教学的实践，不仅对设计师如何把握设计流程以及如何创作优秀的设计作品进行逐一细致的讲解，更对艺术设计技能型、应用型人才的培养起到良好的作用，同时也是高等教育景观设计专业课程教学的总结，是针对高等教育、成人教育景观设计专业特色的教材，也是从事景观设计相关专业研究的学者和设计人员的参考书。

参与本书编写工作的还有燕山大学艺术与设计学院环境心理景观工作室C203及其成员：硕士高欣欣、段丽，学士范亚茹与李琴琴完成其中手绘部分，图片还来源于师生作品与网络，无法一一标明出处。由于编者水平有限，本书不妥之处在所难免，希望广大同行和专家不吝批评指正，作者将不胜感激。

目　录

前言

第1章　景观设计概述 001

1.1　景观设计的概念 001
　　1.1.1　景观 001
　　1.1.2　景观设计学 002

1.2　景观设计的发展历程 003
　　1.2.1　中国传统园林景观 003
　　1.2.2　中国传统园林的艺术价值 008
　　1.2.3　西方景观设计的风格和流派 012

1.3　景观设计与相关学科 019
　　1.3.1　景观生态学 019
　　1.3.2　行为地理学 020
　　1.3.3　环境设计心理学 021

1.4　景观设计的目的及应用 022
　　1.4.1　景观设计的具体内容 022
　　1.4.2　景观设计的发展现状 022
　　1.4.3　景观设计师必备的能力 022

第2章　景观空间的生态要素 024

2.1　气候 025
　　2.1.1　气候类型 025
　　2.1.2　生态要素与气候的相互影响 025
　　2.1.3　风俗与气候 025
　　2.1.4　改善小气候 025
　　2.1.5　改善小气候指导原则 026

2.2　地形 026
　　2.2.1　地形影响的选址因素 026
　　2.2.2　地形的分类 027
　　2.2.3　地形的功能 031
　　2.2.4　运用地形塑造空间 034
　　2.2.5　地形图的表现方法 036
　　2.2.6　地形设计的原则 036

2.3 植物 037
2.3.1 植物分类及运用 037
2.3.2 植物与生态关系 039
2.3.3 植物的功能 040
2.3.4 植物的美学要素 043
2.3.5 植物配置方法 047
2.3.6 景观种植基本原则 050

2.4 水体 051
2.4.1 形态 051
2.4.2 水体的作用 058
2.4.3 水景设计的要点 060

第3章 景观空间的美学要素 061

3.1 形体 061
3.1.1 点 061
3.1.2 线 062
3.1.3 面 064
3.1.4 体 065

3.2 色彩 065

3.3 材料和质感 068

3.4 光影 072

第4章 景观空间的构成要素 077

4.1 垂直构筑物 078
4.1.1 围墙、栅栏 078
4.1.2 挡土墙 080
4.1.3 台阶 081
4.1.4 栏杆、扶手 084
4.1.5 路缘石 086

4.2 地面铺装 086
4.2.1 铺地的功能 086
4.2.2 铺装材料 091
4.2.3 铺地设计原则 094

第5章 景观的功能要素 097

5.1 座椅 097
5.1.1 座椅的功能 098
5.1.2 座椅的尺寸 102
5.1.3 座椅的造型 102
5.1.4 座椅的材料 105
5.1.5 座椅的色彩 107

　　5.1.6　座椅的安置要点 107

5.2　园灯 108

　　5.2.1　园灯的造型 109

　　5.2.2　园灯的材质 110

　　5.2.3　灯光的色彩 111

　　5.2.4　园灯的尺寸 111

　　5.2.5　园灯的分类 111

5.3　亭子 116

　　5.3.1　亭子的作用 116

　　5.3.2　亭子的形式 116

　　5.3.3　亭子的造型 117

　　5.3.4　亭子的材质 118

　　5.3.5　亭子的位置 119

　　5.3.6　案例赏析 119

5.4　廊架 120

　　5.4.1　廊架的功能作用 120

　　5.4.2　廊的基本类型 122

　　5.4.3　廊架的造型 123

　　5.4.4　廊架的材料 123

　　5.4.5　廊架的尺寸 123

　　5.4.6　廊架的设计要点 124

5.5　雕塑 124

　　5.5.1　雕塑的作用 125

　　5.5.2　雕塑的分类 125

　　5.5.3　雕塑的艺术特点 130

　　5.5.4　雕塑的设计要点 130

5.6　用水器 131

　　5.6.1　用水器的功能 132

　　5.6.2　用水器的尺寸 132

　　5.6.3　用水器的结构和材质 132

　　5.6.4　用水器的造型 133

　　5.6.5　用水器的设计要点 134

5.7　标识牌 135

　　5.7.1　标识牌的功能与作用 135

　　5.7.2　标识牌的类型 136

　　5.7.3　标识牌的材料 136

　　5.7.4　标识牌的造型 137

　　5.7.5　标识牌的设计要点 137

5.8　树池 140

　　5.8.1　树池的分类 140

　　5.8.2　树池的尺寸 141

　　5.8.3　新旧树池的对比 141

　　　　5.8.4　树池的设计要点 142

第6章　景观设计的空间组织形式 **143**

　6.1　景观空间布局的形式法则 143
　　　　6.1.1　布局形式分类 143
　　　　6.1.2　景观布局形式的选择 148
　　　　6.1.3　景观布局的一般原则 149
　6.2　景观空间形态的构成原理 150
　　　　6.2.1　多样与统一 150
　　　　6.2.2　主从与重点 151
　　　　6.2.3　对称与均衡 153
　　　　6.2.4　对比与协调 155
　　　　6.2.5　节奏与韵律 157
　　　　6.2.6　比例与尺度 160
　6.3　景观空间设计的思维方法：组织技巧、布局、构思、艺术处理 161
　　　　6.3.1　概念规划设计 162
　　　　6.3.2　功能 164
　　　　6.3.3　从概念到形式的演变 165
　　　　6.3.4　艺术处理 171
　6.4　景观空间设计手法 174
　　　　6.4.1　主景与配景 174
　　　　6.4.2　景的层次 176
　　　　6.4.3　点景 177
　　　　6.4.4　借景、对景与分景、框景、夹景、漏景、添景 177
　6.5　景观空间序列的组织形式 186
　　　　6.5.1　空间 186
　　　　6.5.2　道路系统 189
　　　　6.5.3　景的观赏 194
　　　　6.5.4　景观空间的序列 198
　　　　6.5.5　景观序列的创作手法 200

第7章　景观设计程序与表现 **202**

　7.1　景观设计的程序 202
　　　　7.1.1　资料收集分析阶段 202
　　　　7.1.2　项目策划阶段 204
　　　　7.1.3　景观方案与扩初设计阶段 205
　　　　7.1.4　景观施工图阶段 208
　7.2　景观设计的表现 209
　　　　7.2.1　手绘表现技法 209
　　　　7.2.2　计算机表现技法 210
　　　　7.2.3　模型制作 210

参考文献 **212**

第1章　景观设计概述

1.1　景观设计的概念

1.1.1　景观

景观（Landscape）作为一个地理名词，其内容涵盖了风景、山水、地形、地貌等土地上的物质和空间所构成的自然和人工的地表景物。景观作为人与自然共同组成的生态系统，是在一定区域内由地形、地貌、土壤、水体、植物、动物等所构成的综合体，是具有结构性、功能性和有机联系性的系统。

在中国传统艺术中，"景观"一词常常与山水画和园林艺术紧密相连，具有丰富的艺术内涵，其美学意义不仅体现在"景"的视觉审美范畴，更有"观"的过程，强调人对于环境的主观感受。景观作为人类对生活环境的体验，是复杂的人为活动的综合体，体现了某一特定区域的综合人文特征（图1-1）。

景观具有强烈的象征意义，用景观元素及空间上的不同组合抽象地记述并表达出一个地区的历史和精神，是表达人与土地、人与人、人与社会的关系的符号（图1-2、图1-3）。

由此可见，人们对景观这一概念的认识和理解，不能仅仅局限于传统意义

图1-1　落下孤鹜图
图1-2　云阳梯田
图1-3　哈尼族的蘑菇房

图1-1

图1-2

图1-3

上的园林或现代意义上的绿化、灯光、各种设施、建筑外立面等方面。其实，多学科和多专业综合才是它的最大特点。景观是地理圈、生物圈、人类文化圈共同作用的集合体，包含了十分广泛的专业内容，涉及生态学、行为学、地理学、美学、建筑学、哲学、社会学等多门学科，是一个综合而宽泛的概念。

1.1.2　景观设计学

景观设计学是关于景观的分析、规划布局、设计、改造、管理、保护和恢复的综合性技术科学和设计艺术。它作为一门应用学科，建立在广泛的自然科学、艺术与人文学科的基础之上，其核心是协调人与自然的关系。因此，景观设计学的研究内容涉及气候、地理、水文等自然要素，也包含了人工构筑物、历史传统、风俗习惯、地方色彩等人文元素，反映了一个地域的综合情况。

景观设计学强调对土地和户外空间的设计。通过对景观元素（水、植物、铺装、建筑、小品等）和空间进行科学理性的分析，探讨问题的解决方案和解决途径，并监理设计的实现。以此来营造优美、健康、生态、可持续的生活环境，达到实用目的和艺术目的。

景观设计学根据研究问题的角度、内容、性质、范围和尺度的不同，可细化为景观规划和景观设计两个方向。景观规划即在较大的空间尺度范围内，基于对土地上自然、人文发展过程的认识和前景的预测，通过分析、规划、设计、管理、保护和恢复等手段，科学地、艺术地协调人与自然的关系。而景观设计则是就相对较小的空间尺度范围而言，其基础和核心是场地设计和户外空间设计。主要设计要素包括：地形、水体、植被、建筑及其构筑物、公共艺术

图1-4　西班牙贝尼多姆滨海景观
图1-5　美国芝加哥广场景观

品等。主要设计对象包括广场、步行街、居住区环境、城市街头绿地以及城市滨湖、滨河地带等城市开放空间（图1-4、图1-5）。

1.2　景观设计的发展历程

1.2.1　中国传统园林景观

中国古典园林历史悠久，早在公元前11世纪就已经产生了景园的雏形，最早起源于帝王苑囿，在逐渐的发展中受到儒、道、佛三家哲学的影响。魏晋南北朝时期出现了私家园林，受到当时诗画的影响。中国园林走向再现自然的路子，崇尚超脱世俗、寄情山水、憧憬仙山琼阁等思想。创作方法追求写意，即强调意境、气氛而不追求形似。中国古典园林经过3000余年的漫长岁月，逐渐发展成为独具特色的中式园林体系。我国造园艺术大体分为五个阶段。

1. 园林的生成期（公元前16世纪～公元220年）——商、周、秦、汉

关于园林的最早记载，来自于黄帝时期对其居住地"玄圃"的描述。尧舜时期设立了专门负责掌管"山泽苑囿田猎之事"的官员，称"虞人"，从对自然环境的单纯利用到逐步加以经营管理，从而开始了早期的造园活动。"囿"作为最初的园林形式出现，甲骨文中的"囿"是象形文字，"囲"表示成畦的种植。商周时期的帝王们热衷于这种古老的造园活动。最初的"囿"就是将一定范围的地域进行圈划，在此范围内极大程度地保持山河、草木、鸟兽等自然景观状态，同时挖池筑台，修建少量的人工景致，供帝王和贵族们狩猎游乐。

随着经济与社会的发展，苑囿的营造逐渐从自然美转向建筑美。苑囿开始被高墙围绕，并产生了作为娱乐眺望之用的高台建筑，用"台"象征山岳，观测天象，祈祷风调雨顺、国运昌盛。周天子和诸侯奉领土内的高山为神祇，用隆重的礼仪来祭祀它，此后历代皇帝对五岳的祭祀活动成为封建王朝的旷世大典。外国也有类似的高台建筑形式，如公元前3000年两河流域流行的"山岳台"。

建筑的原始功能也从"栽培、圈养"增加了"通神、望天"，最著名的有楚国的"章华台"（图1-6）和吴国的"姑苏台"。

及至东周时期，台与苑囿结合，以台为中心的园林比较普遍，台、宫、

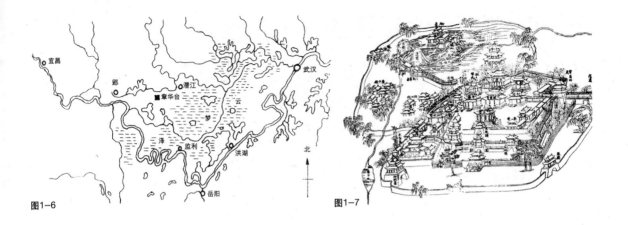

图1-6

图1-7

图1-6　章华台位置图
图1-7　建章宫复原图

苑、囿等称谓也互相混用，关注对象也从动物扩展到植物。

秦汉时期思想境界、艺术水平和营造技术均有了大幅度提升，宫苑采用山水结合的布局，并建造大量规模宏大的人工建筑物。我国园林的传统特点在这一时期开始显现，文学、绘画、雕刻等史料中留下了对于宫苑的大量详细描绘，著名宫苑有"上林苑"、"阿房宫"、"长乐宫"、"未央宫"、"建章宫"（图1-7）等。

2. 园林的转折期（公元220～589年）——魏晋南北朝

魏晋南北朝时期战乱频繁，动荡的社会局面反而促进了思想及艺术领域的交流和融合。中国古典园林开始形成皇家、私家、寺观这三大类型并行发展的局面和略具雏形的园林体系，形成造园活动从生成期到发展期的转折，初步确立了园林美学思想，奠定了中国风景式园林的发展基础和方向。

这一时期的皇家园林将游观作为主导功能，而栽培、狩猎、通神等功能逐渐弱化或转化为抽象的象征意义。都城中心区的基本布局模式采用中轴线对称的空间序列构成，大内御苑位于城市中轴线的结束部位。这一时期著名的皇家园林主要集中在邺城（图1-8）、洛阳、建康三地，代表园林有：邺城的铜雀园、华林园、龙腾苑、仙都苑；洛阳的芳林园、华林园、西游园；建康的华林园、芳乐苑、乐游苑、芳林苑。著名的私家庄园有金谷园、潘岳庄园、谢氏庄园。

魏晋南北朝时期出现了私家园林，将造园提升至艺术创作的高度。私家园林多为文人名流和隐士精神的寄托和体现。陶渊明在《归田园居》中就描写了他退隐庐山脚下的小型庄园的状态："采菊东篱下，悠然见南山。"其所蕴含的山居和田园精神，深刻地影响着后世私家园林，特别是文人园林的创作。

佛教和道教的流行，使得寺观园林也开始兴盛起来，寺观园林拓展了造园活动，其选址注重外围自然环境，因山就水、架岩跨涧、开凿石窟、营建园林，将人工建筑与自然风景相结合，形成以寺观为中心的风景名胜区，尤其是"山岳型"的"名山风景区"，对于各地名胜景区的开发起到了主导性的作用。代表寺观园林有少林寺（北魏）、东林寺（东晋）、灵隐寺（东晋）（图1-9）、简寂观（南朝）等。

3. 园林的发展期（公元589~960年）——隋、唐

隋唐时期国富民强，宫苑建筑规模宏大，多为布景式园林，已形成了大内御苑、行宫御苑、离宫御苑三个类别。国都长安规划秩序严明、功能合理，高度开放和发达的经贸使其成为当时的国际大都市（图1-10）。大内御苑有太极宫（隋大兴宫）、大明宫、洛阳宫（隋东都宫）、禁苑（隋大兴苑）、兴庆宫等。行宫御苑、离宫御苑大多建在山岳风景优美的地区，如骊山、天台山、终南山等。建筑与风景相结合，具有很高的游赏价值。著名的离宫、行宫有东都苑（隋西苑）、上阳宫、玉华宫、隋仙游宫、翠微宫、华清宫、九成宫（隋仁寿宫）、隋江都宫等。

私家园林更强调艺术性，诗画被引入园林。造园的目的不同于魏晋南北朝时期的"归田园居"和"遁迹山林"，隋唐时期的士大夫阶层流行隐与仕结合的"中隐"思想，促进了士流园林的繁荣发展。代表园林有浣花溪草堂、辋川别业（图1-11）、庐山草堂等。

这一时期的传统木构建筑，技术和艺术趋于成熟，形成了完备的梁架制度、斗栱制度以及规范化的装修、装饰。建筑物造型多样，从保留至今的一些殿堂、佛塔、石窟、壁画以及传世的山水画中可以看出。建筑群在水平方向上的院落延展表现出深远的空间层次，在垂直方向则以台、塔、楼、阁的穿插显示丰富的天际线。隋唐时期的景观形式更为丰富，景石的美学价值在造园中得

图1-8

图1-9

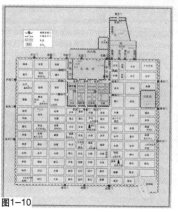
图1-10

图1-11

图1-8　邺城复原模型
图1-9　灵隐寺
图1-10　唐代长安城
图1-11　《辋川图》王维

到了充分的认可，园林营造中"置石"的艺术手法得到普遍运用，"假山"一词开始作为园林筑山的称谓。观赏植物的栽培技术也有了很大进步，培育出很多珍稀品种，如牡丹、琼花等，一些文献中还提到了嫁接法、浇灌法、催花法等栽培技术。

4. 园林的成熟期（公元960～1271年）——两宋

两宋时期是传统造园艺术全面发展的时期，当时的文化发展空前繁荣，诗词歌赋和书画艺术影响着园林的创作，山水画、山水诗文、山水园林这三个艺术门类互为渗透，形成了"写意山水园"的特色造园形式。这时的造园，不论规模宏大的皇家园林还是精致小巧的私家园林，都重视园林意境的营造，主张师法自然、寓情于景、情景交融。这不仅在当时成为造园艺术追求的意境，也成为中国古典园林的重要特色。

宋代造园的体量和规模不如隋唐，但设计精巧，艺术化特点更突出，更人文化。文人园林的兴盛成为中国古典园林达到成熟境地的重要标志。皇家园林较多的受到文人园林的影响，比任何时期都更接近私家园林，同时文人化的风格也影响着寺观园林，寺观园林从世俗化更进一步文人化（图1-12）。

宋代的皇家园林有东京汴梁的琼林苑、玉津园、金明池、宜春苑、延福宫、艮岳；临安的后苑、德寿宫、集芳园、玉壶园、聚景园、屏山园、延祥园、琼华园、玉津园、南园等。其中最为著名的是北宋皇帝宋徽宗兴建的"艮岳"（图1-13），该园林规模宏大，周长约6里，面积约为750亩，以概括、抽

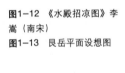

图1-12 《水殿招凉图》李嵩（南宋）
图1-13 艮岳平面设想图

图1-12

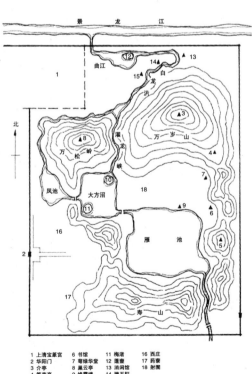

图1-13

1 上清宝箓宫	6 书馆	11 梅渚	16 西庄
2 华阳门	7 萼绿华堂	12 蓬壶	17 药寮
3 介亭	8 巢云亭	13 消闲馆	18 射圃
4 萧森亭	9 绛霄楼	14 澌玉轩	
5 极目亭	10 芦渚	15 高阳酒肆	

象的山水创作为主题，把诗情画意移入园林。园内水系完整，几乎包括天然水体的全部形态，与山系一起构成山环水抱的自然地貌。园中的万岁山是假山山脉的主位，寿山是宾位，隔着水体遥相呼应，筑山如同创作一幅写意画，"布山形，取峦向，分石脉"，体现出极高的艺术水平和审美趣味。

为修筑艮岳从江南运送"花石纲"，现在北京的北海琼华岛和中山公园、故宫、中南海都有艮岳遗留下来的太湖石。保留在江南的三大名石分别是上海豫园的玉玲珑（图1-14）、苏州留园的冠云峰（图1-15）、杭州曲院风荷的邹云峰（图1-16）。另外在苏州的环秀山庄、网师园、南京的瞻园还有几块有名的太湖石，都为"花石纲"的遗物。

文学家李格非的《洛阳名园记》中记录了宋代的19个园林，其中18处为私家园林，属于宅园的有6处，属于单独建制的游憩园有10处，属于培植花卉为主的花园有2处。除此之外，较为著名的江南园林有南园、沧浪亭（图1-17）、梦溪园、沈园。

宋代的园林建筑具备后世所见的几乎全部类型，它作为造园要素之一，对园林造景起着重要作用。尤其建筑小品、建筑细部、室内家具陈设精美，比唐代更胜一筹。北宋李诚所作的《营造法式》，成为官方建筑设计、施工的规范用书。

5. 园林的全盛期（公元1271~1736年）——明、清

明、清时期的园林艺术创作成就达到了历史高潮，明清园林依然沿袭唐宋以来的山水造园形式，在创作思想上提倡自然的审美观，追求写意、诗情画意的园林意境创造，形成了"小中见大"、"须弥芥子"、"壶中天地"等营造手法。园林中的建筑起了重要的作用，成为造景的主要手段。园林功能从单纯的游赏朝着可游可居的方向发展。大型园林不但模仿自然山水，而且还集仿各地名胜于一园，形成园中园、景中景的布局形式。

图1-14 玉玲珑
图1-15 冠云峰
图1-16 邹云峰

图1-14

图1-15

图1-16

图1-17

图1-18

图1-17 沧浪亭
图1-18 颐和园

皇家园林多与离宫相结合，规模宏大，以清代康熙、乾隆时期兴建的大规模写意自然山水园林为代表，北京最著名的皇家园林有"三山五园"。香山静宜园、玉泉山静明园、万寿山清漪园（颐和园）（图1-18）、圆明园和畅春园。除此之外还有承德避暑山庄（图1-19）、滦阳行宫、蓟县盘山行宫等。私家园林则以苏州园林为代表成就，在不大的面积内追求空间艺术的变化。这些平中求趣、步移景异的山水宅园不仅满足了日常聚会、游憩、宴客、居住等多种功能的需要，还具有很高的文化价值和艺术欣赏价值，如留园、拙政园、网师园、豫园（图1-20）等。

明清时期的园林理论也有了进一步的发展，最负盛名的代表理论著作是明末计成所著的《园冶》，书中对江南园林的造园艺术和造园手法进行了总结，形成比较全面系统的理论论述，包括空间处理及意境的营造、筑山、理水、园林建筑及植物的艺术化造景，提出了"因地制宜"、"巧于因借"等艺术造园方法，具有很高的艺术学术价值。

1.2.2　中国传统园林的艺术价值

中国传统园林以自然为主旨，注重建筑美与自然美的融合，具有深厚的文化底蕴和高远的思想意境。这与中国传统天人合一的哲学观与含蓄内敛的思维

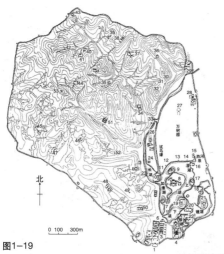

图1-19

1 丽正门	19 月色江声	37 山近轩
2 正宫	20 清舒山馆	38 广元宫
3 松鹤斋	21 戒得堂	39 敞晴斋
4 德汇门	22 文园狮子林	40 含青斋
5 东宫	23 珠源寺	41 碧静堂
6 万壑松风	24 远近泉声	42 玉岑精舍
7 芝径云堤	25 千尺雪	43 宜照斋
8 如意洲	26 文津阁	44 创得斋
9 烟雨楼	27 蒙古包	45 秀起堂
10 临芳墅	28 永佑寺	46 食蔗居
11 水流云在	29 澄观斋	47 有真意轩
12 濠濮间想	30 北枕双峰	48 碧峰寺
13 莺啭乔木	31 青枫绿屿	49 锤峰落照
14 莆田丛樾	32 南山积雪	50 松鹤清越
15 苹香沜	33 云容水态	51 梨花伴月
16 看远益清	34 清溪远流	52 观瀑亭
17 金山亭	35 水月庵	53 四面云山
18 花神庙	36 斗姥阁	

图1-19 承德避暑山庄平
面图
图1-20 豫园

图1-20

方式有关，代表了民族性格和历史的文化积淀。经过漫长的发展逐渐形成别具
特色的艺术法则和指导思想。

1. 造园之始，意在笔先

中国传统园林追求意境美，人们所处时代、社会地位、经济能力、文
化修养、审美情趣等方面的差异，造成了人们对不同生活环境的理解和追
求，园林往往反映了园主人的心境和志趣。如同写文章要胸有成竹，造园
者必须"胸有丘壑"才能做到统筹兼顾、合理布局、贯穿始终、一气呵成
（图1-21）。

2. 相地合宜，构图得体

造园应当从场地自身特点出发，通过"因地制宜、随势生机"的手法进行
园林空间的整体规划，选择恰当的布局形式和景观内容，协调景观元素之间的
关系，同时将园林整体风格和意境贯穿其中（图1-22）。

3. 巧于因借，精在体宜

借景是古典园林的艺术手法之一，主张景不限内外，所谓"晴峦耸秀，绀
宇凌空，极目所至，俗则屏之，嘉则收之，不分町疃，尽为烟景……"通过因
地、因时借景的做法，可以拓展有限的园林空间，取得事半功倍的艺术效果
（图1-23）。

图1-21 网师园
图1-22 退思园
图1-23 拙政园

图1-21

图1-22

图1-23

4. 欲扬先抑，柳暗花明

受到中国传统文化中含蓄内敛的性格影响，在造园艺术处理上，也讲究含蓄有致、曲径通幽。运用障景、隔景等手法，甚至采取园中园、景中景的形式，创造丰富有趣的空间层次，达到引人入胜的造园效果（图1-24）。

5. 开合有致，步移景异

园林作为一个流动的观赏空间，理想的景观环境是当人们在园林行进时，可通过观赏视点、视线、视距、视野、视角的转换，产生审美心理的变迁，通

图1-24　耦园
图1-25　环秀山庄
图1-26　艺圃

图1-24

图1-25

图1-26

过移步换景的艺术处理，创造丰富的视觉和心理体验（图1-25）。

6. 小中见大，咫尺山林

中国古典园林所强调的自然，是将山、水、植物等要素通过有意识的改造、调整、加工和提炼，重新塑造出精练、概括、浓缩的自然。小中见大，使观者通过对比、反衬，造成错觉和联想，形成咫尺山林的艺术效果（图1-26）。

7. 文景相依，诗情画意

中国古典园林中随处可见文、诗、书、画等艺术形式，人文精神往往能够

图1-27 狮子林
图1-28 留园
图1-29 空中花园复原图
图1-30 米诺斯王宫

给予园林景观以更大的魅力和生命力,"文因景成,景借文传"。欣赏人文景观,除了视觉审美,还包含着人与景之间的互动,既能"静观",又能"动观"(图1-27)。

8. 虽由人作,宛自天开

中国传统园林将自然山水、人文景观等内容有机地结合起来,园林虽然是人工构筑,但却处处洋溢着自然之美和盎然生机(图1-28)。

1.2.3 西方景观设计的风格和流派

1. 18世纪前的景观设计

人类造园历史悠久,最早可追溯至公元前16世纪的古埃及,从保留下来的古代墓葬画中可以看到祭司大臣的宅园采取方直的规划、规则的水槽和整齐的栽植。

两河流域地区由于气候环境干旱,自古以来都很重视对水的利用。公元前600左右,新巴比伦城内的空中花园就以植物和水景为主(图1-29)。逐渐,以水池为中心的庭院布局成为伊斯兰园林的传统,经北非、西班牙、印度,传入意大利后,演变成各种水法,成为欧洲园林景观的重要内容。

公元前1700~1600年,建于克里特岛的米诺斯王宫(克诺索斯宫)是希腊园林的前身,院落依地形布局,宫殿围绕庭院,以柱廊作为空间过渡(图1-30)。

在古罗马时期已开始出现了别墅园林,建于公元118~138年、位于意大利罗马的哈德良别墅是最早被称为"villa"的园林建筑。它是古罗马皇帝哈德良为自己量身打造的离宫别院，将郊外美丽的自然风景结合进由宫殿、神庙、广场、图书馆、水上剧场、浴池等组成的建筑群中（图1-31）。

文艺复兴时期，充满田园趣味的私家庄园得到了发展。中轴布局、台地、巴洛克风格的理水和雕塑成为这一时期典型的园林特色，这种园林形式被称为意大利台地花园。其中最负盛名的罗马三大名园——兰特庄园、法尔耐斯庄园、埃斯特庄园（图1-32），充分展示了文艺复兴时期西方造园艺术的最高成就。园林以建筑为主体，利用意大利的丘陵地形，呈现对称、均衡的布局形式。空间层次变化生动，开辟成整齐的台地，逐层配置植坛，人工修剪为规则的图案形态。顺地形布置各种水法，如流泉、瀑布、喷泉等，外围是树木茂密的自然山林。

法国沿袭和发展了意大利的造园艺术。布阿依索于1638年完成的《论造园艺术》是西方最早的园林专著。他认为："如果不加以条理化和安排整齐，那么人们所能找到的最完美的东西都是有缺陷的。"17世纪后半叶，法国造园家勒·诺特主持设计了凡尔赛宫苑，以府邸轴线为构图中心，沿府邸—花园—林地逐步展开空间，草坪、花坛、河渠等要素形成严谨的几何关系秩序，在平展

图1-31　哈德良别墅
图1-32　埃斯特庄园

图1-31

图1-32

图1-33　凡尔赛宫苑
图1-34　谢菲尔德公园
图1-35　纽约中央公园

图1-33

图1-34

图1-35

坦荡中通过尺度、节奏的安排组成丰富和谐的整体，创造了宏伟华丽的园林风格（图1-33）。

2. 20世纪前的景观设计

18世纪欧洲文学艺术领域中兴起浪漫主义运动，当时的诗人、画家、美学家将规则式花园看作是对自然的歪曲。在这种思潮的影响下，英国产生了以模仿自然和再现自然为目的的自然风景园。18世纪末英国造园家雷普顿提出了"风景造园学"和"风景造园师"的专门名词。他认为："只有把风景画家和园丁（花匠）两者的才能合二为一，才能获得园林艺术的圆满成就。"由布朗设计的谢菲尔德公园代表了当时自然风景园林的艺术成就（图1-34）。

1858年，美国风景建筑师奥姆斯特德主持设计并营造了纽约中央公园（图1-35），并提出了"风景建筑师"一词，开创了"风景建筑学"。景观设计也逐渐摆脱了形式的限制，不再拘泥于造园风格是几何式或自然式，而更加注重功能，突出以人为本的设计理念。

19世纪末20世纪初，受到"工艺美术运动"的影响，景观园林的设计开始从自然界归纳造型元素，强调曲线装饰。西班牙著名设计师高迪在古埃尔公园的设计中就充分展示了空间和造型的流动感，突出了景观的装饰性特点（图1-36）。

图1-36　古埃尔公园
图1-37　光与水的花园
图1-38　斯德哥尔摩森林
墓地

3. 20世纪初至六七十年代的现代主义景观设计

20世纪以来,西方的建筑、景观设计出现了与传统全然不同的设计理念,将功能作为设计的出发点,注重场地的分析和景观的适用性,设计更加理性化并拥有更大的创作自由。现代主义拥有巨大的生命力,一经出现就迅速席卷了世界的各个角落并延续至今。

欧洲现代主义景观设计起始于1925年法国巴黎举办的"国际现代工艺美术展"。在展览会上,人们首次看到了一些具有现代特征的园林,反响最大的是古埃瑞克安设计的"光与水的花园"(图1-37)。设计打破了传统的规则式或自然式的束缚,采取动态平衡的构图形式,造型具有强烈的几何感。作为现代主义景观设计的揭幕式,展览具有划时代的意义。在此后的发展中,欧洲景观设计师开始将现代艺术与传统园林形式相结合,创造出具有现代意义的园林景观。瑞典建筑师阿斯普朗德和莱维伦茨设计的斯德哥尔摩森林墓地(图1-38),则用景观语言表达超出物体形态本身的崇高精神力量,这一设计也成为"大地艺术"的开端。这一时期同时涌现出大量杰出的理论著作,其中最著名的是1938年英国唐纳德所著的《现代景观中的园林》。

美国现代主义景观强调设计的艺术性、功能性和社会性。托马斯·丘奇在他的设计"唐纳花园"中,用露台木质平台、游泳池、不规则种植区和动态平面的小花园等设计元素,开创了新的户外生活方式,被称为"加州花园",体现了本土的、时代的、人性化的设计（图1-39）。

园林设计师丹·克雷致力于研究现代与传统的对话形式，在他的设计"米勒花园"中将方格网、几何构图、比例关系等古典主义元素与现代主义的开放、无止境、动态、简洁很好地结合起来。设计从基地和功能出发，设计重点在于功能空间的尺度、划分和联系方式，而不是装饰性的细节，整个空间的微妙变化通过材料的质感、色彩、植物的季相变化和水的灵活运用表现出来（图1-40）。

拉丁美洲现代主义景观设计代表人物是巴西的景观设计师布雷·马克斯，他将抽象艺术融入景观设计之中。他的作品带有艺术夸张的成分，在拉格阿医院的庭院设计中，他将场地看作画布，用植物的色彩和质地的对比来创造图案化的景观（图1-41）。在后来的设计中布雷·马克斯还将这种创作手法拓展到其他方面，如水、铺装设计等。他设计中常用的曲线花床、马赛克地面等设计语言至今仍在全世界广为传播（图1-42）。

墨西哥建筑师巴拉甘将现代主义景观和本土文化传统相结合，开拓了现代主义的新途径。他常常将建筑、园林连同室内设计一起完成，形成具有鲜明个人风格的统一和谐的整体。在"克里斯多巴尔住宅庭院"的设计中，巴拉

图1-39　唐纳花园
图1-40　米勒花园
图1-41　拉格阿医院庭院
图1-42　布雷·马克斯风格的地面铺装

图1-39
图1-40
图1-41
图1-42

图1-43 克里斯多巴尔住宅庭院

图1-43

甘以童年的记忆为题材，用彩色的墙、高架的水槽和落水口的瀑布等景观元素，以及鲜艳的对比色搭配，创造出宁静而富有诗意的环境，寻求心灵的净土（图1-43）。

4.20世纪六七十年代之后的景观设计

20世纪60年代末、70年代初，经济繁荣下的社会无节制地发展，使人们对自身的生存环境和人类文化价值的危机感日益加重，在经历了现代主义初期对环境和历史的忽略之后，传统价值观重新回到社会，环境保护和历史保护成为普遍的意识。现代景观进入了"现代主义之后"的多元发展时期，一方面表现为对人类环境反思的"生态主义潮流"，另一方面是对现代主义进行反思和反驳。

随着整个社会环境保护意识的提高，景观设计也越来越多地将目光放在对自然生态的关注上。麦克哈格提出了生态主义思想，将景观看作由地质、地形、水文、土地利用、植物、野生动物和气候等决定性要素组成的相互联系的整体。他在1969年所著的《设计结合自然》一书中，提出了综合性生态规划理论，从遵从自然的固有价值和自然过程出发，重新审视了景观、工程、科学和开发之间的关系。

劳伦斯·哈普林将生态主义理念融入了城市景观设计，在他的很多设计实践中都尝试将人工化的自然要素插入环境，最著名的作品是1960年设计的波特兰市广场系列。生机活泼的爱悦广场、宁静闲适的伯蒂格罗夫公园和激情雄壮的演讲堂前庭广场（图1-44），共同诠释着他对自然的独特理解。爱悦广场的不规则台地是等高线的简化，休息廊上形式自由的屋顶取材于落基山的山脊线，喷泉的水流轨迹则源自加州席尔拉山的山间溪流，而演讲堂前庭广场

图1-44　演讲堂前庭广场
图1-45　诗人的花园
图1-46　螺旋形防波堤
图1-47　苏格兰宇宙思考
花园

的大瀑布则是对美国西部悬崖与台地的大胆关联。这并不是对自然的简单抄袭，而是基于某些自然体验的联想和抽象，是生态主义理念在景观上的艺术化表现。

　　20世纪60年代末出现于欧美的大地艺术，又称地景艺术，是以大自然作为媒介，创造性地将艺术与大地景观有机结合，并将其表现为视觉化的艺术形式。早期最具代表性的作品有瑞士著名的景观设计师克拉默在1959年瑞士苏黎世园林展上设计的"诗人的花园"，设计师用三维抽象的几何形体创造地形，以草地金字塔和圆锥有韵律地分布于水池周边，将现代几何的诗意运用到园林中。同样著名的作品还有罗伯特·史密斯于1970年设计的美国犹他州大盐湖的螺旋形防波堤（图1-46）。大地艺术的产生扩展了景观的含义，带来了艺术化地形的设计观念，将设计融入环境的同时也恰当地表现自我，甚至在设计手法上将大地作为超大尺度的雕塑去表现，如詹克斯设计的苏格兰宇宙思考花园（图1-47）。

　　现代主义景观设计在经历了轰轰烈烈的发展进程后，逐渐进入了反思和转变的时期，人们开始转而关注一些被现代主义忽略的东西，其价值也被重新评估和认可，现代景观在原有的基础上不断地进行调整、修正、补充和更新。功能至上的思想受到质疑，艺术、装饰、形式又得到重视。景观设计受到社会价值的多元化的影响，设计思维更加广阔，手法更加多样，反传统地运用材料和构造。这些特点在许多景观设计作品中都有所体现，代表作品有后现代主

义设计师施瓦茨设计的纽约亚克博亚维茨广场（图1-48），极简主义设计师彼
得·沃克设计的凯宾斯基酒店花园（图1-49）、伯纳特公园（图1-50），解构
主义设计师屈米设计的拉·维莱特公园（图1-51）。总之，现代景观正朝着多
元化方向发展。

图1-48　纽约亚克博亚维
茨广场
图1-49　凯宾斯基酒店花园
图1-50　伯纳特公园
图1-51　拉·维莱特公园

1.3　景观设计与相关学科

　　现代景观设计的发展与人类科学与技术的进步紧密联系，这是大工业、城
市化和社会化背景下的产物。目前国内外景观设计专业着重于多学科、综合
性理论知识的教育，教学内容包括生态学、地理学等自然科学，也包括行为
学、心理学等人文科学，此外还融入了艺术、文化、传统等多方面内容。景观
设计的形成是基于社会化的发展进程，地区发展的不同造就了差别性的文化脉
络。中国传统的山水文化和人文思想造就了园林艺术及造园学（图1-52）。而
西方在工业化进程中，则进一步发展出景观生态学及景观规划设计等学科（图
1-53）。目前对景观设计影响较大的学科主要有景观生态学和行为地理学。

1.3.1　景观生态学

　　1939年德国地理学家特洛尔最早提出了景观生态学（Landscape
Ecology）的概念。它是以整个环境系统为研究对象，以生态学作为理论研究

图1-52　苏州园林
图1-53　兰特化园
图1-54　金华燕尾洲公园

基础，通过生物与非生物以及与人类之间的相互作用与转化，运用生态系统原理和系统方法来研究景观结构和功能、景观动态变化以及相互作用、景观的美化格局、优化结构、合理利用和保护的学科。

生态学的发展成为第二次世界大战以后解决日益严重的全球性人口、粮食、环境问题的有效途径，这对全球土地资源的调查、研究、开发和利用起到了强烈的促进作用，并掀起了以土地为基础的景观生态学研究热潮。其中以麦克哈格的著作《设计结合自然》为代表，建立了以生态学为基础的景观设计准则，在这里现代主义功能至上的城市规划分区方式不再是设计的唯一标准，转而主张尊重土地的生态价值并将土地的自然过程作为设计的依据。

随着遥感、地理信息系统（GIS）等技术的发展与日益普及，现代学科呈现出交叉、融合的发展态势。景观生态学着力于对水平生态过程与景观格局之间的关系、多个生态系统之间的相互作用和空间关系的研究。景观生态学在多行业的宏观研究领域中被认同和关注，有着良好的应用前景（图1-54）。

1.3.2　行为地理学

行为地理学是研究不同人群在不同地理环境下的行为类型、决策及其成因（包括地理因素、心理因素等）的科学。这一对环境的识别和空间行为的研究，是基于心理学、行为学、社会学、哲学、人类学等科学发展起来的带有方法论性质的应用型学科。

人对特定地理环境的感知和判断能够影响行为，虽然人的主观认识具有差

图1-55　爱丁堡Jupiter
Artland主题公园

图1-55

别性特点，主观成分也会反映在行为中，但对于群体行为的统计效果却能反映一定的客观规律。俗话说"一方水土养一方人"，如不同地域的地形地貌的差异能够塑造不同的风土人情，开阔的草原上生活的人们性格多豪爽、憨厚，而江南水乡生活的人们性格多温婉、细腻。

　　1947年赖特在《地理学中的物象空间》一文中探讨行为地理研究的目的和途径。1960年美国学者凯文·林奇在《城市意象》一书中，尝试从人们对于环境的意象出发去探讨景观设计的表达。现在越来越多的学者和设计师关注和借鉴行为地理学的研究成果，将人与环境两者之间的相互作用作为设计实践的指导（图1-55）。

1.3.3　环境设计心理学

　　环境心理学是研究环境与人的行为之间相互关系的学科，着重从心理学和行为学角度，探讨人与环境的最优化。在人与环境之间坚持"以人为本"，从人的心理特征来考虑研究问题，才能对人与环境的关系、环境空间设计有更为深刻的把握。

　　环境心理学理论表明，人们在户外的活动水平与安全程度有着密切的关系。如果人们感觉紧张、无法放松甚至提心吊胆，那么这种环境就会渐渐失去人气。在广场上设置茂密的树丛或是巨大的喷泉这类遮挡人们视线的景观，就会给人们带来这种不安全感，尤其在傍晚人流较少时，更是如此。即使在白天，巨大的遮挡也会阻挡人们的视线，而当人们对前方的空间展示内容无法通过环境预知时，就会产生一定的紧张心理。马斯洛理论把需求分成生理需求、安全需求、社交需求（爱与归属的需求）、尊重需求和自我实现需求五类，安全需求居第二位。安全需求包括对人身安全、生活稳定以及免遭痛苦、威胁或疾病等的需求。和生理需求一样，在安全需求没有得到满足之前，人们唯一关心的就是这一需求。街道环境是城市的公共环境，人们置身其中时，人身安全是必须考虑的一个重要因素。[①]

---

① 见参考文献［1］

1.4 景观设计的目的及应用

1.4.1 景观设计的具体内容

景观设计领域中，大到国土区域，中到城市村镇，小到街道院落，都是景观设计的对象范畴。而景观设计内容更是包括了自然生态保护和恢复、城市空间的布局与景观透视、人类各种聚落的生态环境与景观效果等方面。根据刘滨谊教授的观点，可以将景观设计概括为以下层次和内容：

（1）国土规划：自然保护区区划，国家风景名胜区的保护和开发；

（2）场地规划：新城建设，城市再开发，居住区开发，河岸、港口、水域利用，开放空间与公共绿地规划以及旅游休憩地规划设计；

（3）城市设计：城市空间创造，校园设计，指导城市设计研究，城市街景广场设计；

（4）场地设计：科技工业园设计，居住区环境设计，校园设计；

（5）场地详细设计：建筑环境设计，园林建筑小品、店面、灯光设计等。

1.4.2 景观设计的发展现状

随着我国的经济飞速发展，城市建设方兴未艾，人民对生活水平和质量的追求不断提升，极大地促进了景观建设的蓬勃发展。世博会等大型展会的召开给景观设计行业搭建了国际交流和展示的平台（图1-56、图1-57），众多的就业机会则为这个专业提供了良好的发展前景，对设计人力资源的大量需求，促使了我国的大专院校纷纷成立了景观设计专业，并开展教育注册培训和继续教育等一系列完整的职业制度，建立了行业协会的社会管理体系。

景观建设作为城市公共生活空间的重要组成部分，景观设计作为人居环境科学的一部分，对于社会公共环境的改善、人民生活质量的提升起到积极健康的促进作用。而人们的目光也更多地从功能需求转为生态环保意义上的环境建设和可持续发展，这一转变也为未来的学科发展提供了方向和挑战。

1.4.3 景观设计师必备的能力

景观设计师是以景观设计为职业的专业人员。景观设计师的工作对象是土

图1-56 上海世博园
图1-57 《中国方圆》法国肖蒙创意园林展保留作品

图1-56

图1-57

地、人类、城市和土地综合体等复杂的综合问题，所面临的是土地、人类、城市和土地上一切生命的安全与健康以及可持续发展的问题。运用专业知识技能，从事如景观规划设计、园林绿化规划建设和室外空间环境创造等方面的工作，并以此解决相关问题的专业设计人员，就是景观设计师。

2004年12月2日，景观设计师这一职业得到了国家劳动和社会保障部的正式认定，从此受到社会各界的广泛关注。由于专业的综合性特点，景观设计师的就业领域较宽，包括了从事景观建设的设计者到管理者的诸多工作岗位，具体列举如下：

（1）设计院所的专业设计工作和技术管理工作者；

（2）专业学校和大专院校的专业教育工作者；

（3）景观设计员（师）的国际职业培训和继续教育工作者；

（4）国家政府主管部门的公务人员；

（5）企事业单位的环境景观建设管理部门的工作者；

（6）城市投资和房地产开发公司的环境建设工作者；

（7）施工企业的景观建设施工和施工管理工作者。

从事景观设计行业的专业人员，应是具备绘图、设计、勘测、文化、历史、心理学等各方面知识的综合性专业型人才。通过专业学习和设计实践，掌握景观与风景园林规划及设计，其相关专业及知识包括城市规划学、生态学、艺术学、建筑学、园林学、植物学等内容。应具备良好的景观设计能力，了解设计和施工程序，全面掌握园林景观设计工作的相关业务知识与操作系统，能够熟练地阅读和绘制施工图，并对植物和材料进行合理配置，具备较强的详图设计能力，并具有良好的文本编撰能力。

除此之外，还应当具备一定的美学基础，即有一定的造型和色彩能力，这也是景观设计学习不可缺少的基本能力之一。设计前期往往需要通过手绘的形式真实地描绘场地的现状，只有详细准确地收集重要的环境信息，捕捉环境氛围，才能进一步做出综合评价及识别记录，并在设计初期的草图描绘及方案修改过程中准确快速地表达设计意图。因此一些有针对性的专业手绘训练变得十分必要，艺术类院校教学中常将景观建筑素描、景观建筑速写、专业表现技法等课程作为景观专业学习的基础（图1-58、图1-59、图1-60）。

图1-58

图1-59

图1-60

图1-58 景观建筑素描
图1-59 景观建筑速写
图1-60 景观快速设

第2章　景观空间的生态要素

生态学研究是规划设计的前提条件，作为构成景观空间的生态要素是景观设计应考虑的首要因素。景观的生态要素是指构成景观空间各要素中对景观生态系统起到一定作用的因素，其中包括气候、地形地貌、植被分布、水文概况等因素。

景观在设计之初，气流、土地、水文、森林等生态自然要素对于每个规划项目都充满挑战，设计的成败与自然生态环境不可分割。优秀的景观设计方案一定是遵从自然、顺应自然的，让生态系统中的各个方面——一个场地甚至景观区域，都能根本地展露出其自然特征和其生机勃勃的可能性。

中国的传统风水理论也是顺应自然的优良导则，中国传统风水理论中的地、火、水、风等要素也等同于气候、地形、水文等生态要素。景观设计对于生态要素的利用和改造，从本质上和中国古人对自然的态度相契合。中国传统强调社会对自然生态因素的态度越谦和，环境对人的容纳度就越高，自然、社会才能发展得更和谐。

从生态学角度来看，景观设计应充分发挥各要素间的作用，确保生态环境更加平衡，不仅是为满足人们的视觉美感或生理心理需求，还要发挥好景观空间中的生态要素的优势，并且有意识地改造物质更新循环的途径，促进人与自然、人与生态系统的和谐发展，弥补生态要素的劣势。

2.1　气候

西蒙兹在《景观设计学》中给"气候"定义为：一个地方随着时间的推移，其平均的天气状况。气候位于景观空间的生态要素中的基本位置，起着决定性作用，是人们开展生活、创建城市和园林的基础，人类任何生活生产都要遵循适应气候的因素和其变化，同时气候也决定了区域的植被、水文等生态因素的分布。设计规划的场地明确后，选择最佳地块和景观构筑物都要根据当地的气候特征做调整，同时也应着力于改善地区的小气候以创造良好环境。

2.1.1　气候类型

我国的气候类型可分为：温带大陆性气候、温带季风性气候、亚热带季风气候和高原高山气候。设计程序的开始要合理分析场地所处区域位置的气候特征以及深入了解影响当地气候的主导因素，根据特定的气候特征制定合适的设计目标和策略。

2.1.2　生态要素与气候的相互影响

影响气候的因素可归为纬度位置影响、大气环流影响、海陆分布状况以及地形地貌的影响。而地貌特征、植被类型、水文状况等相关的生态要素都也都受气候类型的影响。

2.1.3　风俗与气候

气候不仅影响着特定区域内的生物分布状况、降水系统、植被覆盖情况，同样影响着人们的生活习惯和身心健康，从而对规划设计提出了一定的要求。因此，设计的调研阶段，最好研究特定气候带来的居民特定心理感受和行为习惯，这些特定的反映形式表现在人们的饮食习惯、着装类型、娱乐方式，甚至宗教信仰以及公众的健康程度、重大气候灾害和病患情况等，所谓一方水土养一方人，并不是巧合，而是有一定的气候因素影响。

2.1.4　改善小气候

自然气候并不是十全十美、称人心意的，阳光、降雨、风这些因素都影响了人们对环境适宜度的评估。这就要求景观设计师不仅要疏导不良的气候特征，还要将令人舒适的因素引导进入场地，从而创造适宜人居的景观环境空间。

对光照的改造可以通过绿植、景墙、亭廊等设计要素来实现，设计尽量避免场地夏季长时间受阳光直射，但在冬季，大部分地区要尽量扩大光照时长和光照范围。场地的规划要根据当地气候条件或使用者的生活习惯调控光照的时间和强度，例如，在中国南方大多数地区，夏季炎热，降雨丰富，属于亚热带季风气候，景观环境的设计就要尽量避免使用过多硬质反射性质的建筑装饰材质和地面铺装材质，以免造成一定量的光污染和更加炎热的气候，在场地中提倡充分使用乔木树植以起到遮阴的效果；而对于中国东北地区而言，由于常年气温偏低，光照不足，人们对阳光的青睐度较高，因此，景观设计要创造更多的有阳光洒下的空间，保证户外场所不完全处于建筑的背阴面。对于阳光的设计还应考虑到不同地区太阳高度角的变化以及太阳辐射强度的不同，通过计算得出合理的光照系统分析。

另外，风也影响一个地区的气候特征，通过改善风的速度和方向，亦可以创造合宜的小气候条件：风是可以被设计和疏导的，对风的引导可以通过地形、绿植、屏风、景观构筑物等元素的穿插组合来创造怡人的户外活动场所。就我国普遍地区而言，夏季，引导东南风吹入，可以缓解炎热的气候，带来凉爽；冬季，阻挡西北方向的寒风，保持场地内较为舒适的气温。因此，在设计时场地东南方向的植被以及构筑物的高度应较西北方向的高度低矮一些，便于东南风的吹拂和阻挡西北风的凌厉。值得注意的是，场地狭长而周围有较高建筑物耸立时，容易出现强烈的对流风，设计应尽量避免此类情况的发生。

2.1.5 改善小气候指导原则

想要通过景观设计创造良好的小气候条件应注意以下几点事项：

（1）合理充分的运用阳光、风、水等自然因素进行设计；

（2）尽量避免酷暑、严寒、干旱、潮湿等极端气候；

（3）合理运用地形和植被等生态要素来完善景观小气候的条件；

（4）通过减少阳光直射、疏导夏季微风、利用水分蒸发可以起到一定的制冷作用；反之，通过增加光照面积、遮挡冬季寒风可以提高场地气温。

2.2 地形

地形地貌特征是所有户外活动的根本，地形对环境景观有着种种实用价值，并且通过合理的利用地形地貌可以起到趋利避害的作用，适当的地形改造能形成更多的实用价值、观赏价值、生态价值。

地貌和地物统称为地形。地貌是地表面三维空间的自然起伏的形态，地物是指地表上人工建造或自然形成的固定性物体。特定的地貌和地物的综合作用，就会形成复杂多样的地形。可以看出，地形就是作为一种表现外部环境的地表因素。因此，不同地形，对环境的影响也有差异，对于其设计导则便不尽相同。

2.2.1 地形影响的选址因素

对于基地的选址问题，地形起着至关重要的作用，不同类型的景观规划设计对地形有着不同的要求。

中国古代传统风水对于村庄以及城市的选址强调良好的风水格局是前有曲

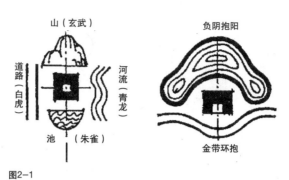

图2-1　最佳宅址选择

图2-1

水相绕、后有主山相靠、左右"青龙白虎"相抱，层层山峦环抱其中，"龙穴"即是基址的最佳选址（图2-1）。关于传统风水理论中的定论并不是毫无依据可言的，当设计的场地位于山环水绕、负阴抱阳的环境之中，既能通过北部的山脉趋避寒风，又有水系环绕，而水既滋养了万物的生长又创造了夏季凉爽的气候，且基址多为较宽阔的平坦地形，利于居住、农耕、交通等生产生活活动，传统的风水理论在当今仍是环境景观设计值得参考的重要理论之一。

城市中的不同功能的景观，其地形的选址也差异显著。对于一些纪念性公园或寺庙园林可选在山地区域内，将纪念堂或是纪念碑等建筑物置于山地中较高的海拔位置，游人从较低的山脚攀爬途中易产生庄重威严的心理感受。例如中山陵，坐落在南京东郊紫金山南麓，依山势而建，形成气势磅礴、雄伟壮观的景象（图2-2）。城市广场的选址不同于纪念性景观，需要平整开阔的场地满足城市聚会、休闲、举行大型活动的功能需求。综合性公园的选址要选择较为开阔的平整地形，在其周边有可供攀爬、观景的小山丘或有地势较低的凹地聚集成湖水者为最佳，综合平整地型和少量凸地形或凹地形可为公园创造更丰富的景观效果。如承德避暑山庄，宫苑内有山水环抱，其最大特色是山中有园、园中有山（图2-3）。

2.2.2　地形的分类

就景观区域范围而言的地表类型可称之为"大地形"，其中包括平原、高原、山地、丘陵、盆地等；就景观园林的范围内讲，地形的分类可归为平地、

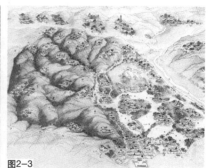

图2-2
图2-3

图2-2　中山陵
图2-3　承德避暑山庄地形图

坡地、台地等，这些地形称为"小地形"；还有一类高低起伏最小的地形，称之为"微地形"，这类地形是草地、沙丘上微弱的波动，通过微地形的改造能够创造丰富有趣的景观空间。

地形的分类方式除了按规模大小分之外，还可通过其他归类方法得到，这些分类依据涵盖了地质地貌、形象形式以及高差坡度等。而最便于景观设计师进行设计研究的分类途径是形象形态，根据地形的形式可大致分为平地、凸地形、凹地形。

1. 平地

平坦地形是指与人的水平视线相平行的基面，这种基面的平行并不存在完全的水平，而是有着难以察觉的微弱的坡度，在人眼视觉上处于相对平行的状态。

平地从规模角度而言，有多种类型，大到一马平川的大草原，小到基址中可供三五人站立的平面。平地相比较其他类别地形的最大特征是具有开阔性、稳定性和简明性。平地的开阔性显而易见，对视线毫无遮挡，具有发散性，形成空旷暴露的感受（图2-4）。平地是视觉效果也是最简单明了的一种地形，没有较大起伏转折，但容易给人单调枯燥的感受。因此，在平地上做设计，除非为了强调场地的空旷性，应引入植被、墙体等垂直要素，遮挡视线，创造合适的私密性小空间，以丰富空间的构造，增添趣味性（图2-5）。

平地能够协调水平方向的景物，形成统一感，使其成为景观环境中自然的一部分（图2-6）；反之，平地上的垂直性建筑或景观，有着突出于其他景物的高度，容易成为视觉的焦点，或往往充当标示物（图2-7）。

平地除了具有开阔性、稳定性和简明性以及协调性外，还有作为衬托物体的背景性，平地是无过多性格特征的，其场地的风格特点来源于平地之上的景观构筑物和植被的特征。这样，平地作为一种相对于场地其他构筑物的背景而

图2-4　平地自身难以形成空间
图2-5　通过地形的改造以及植物的运用形成私密空间
图2-6　水平形状建筑及景物与平地相协调
图2-7　垂直造型景物与平地形成对比

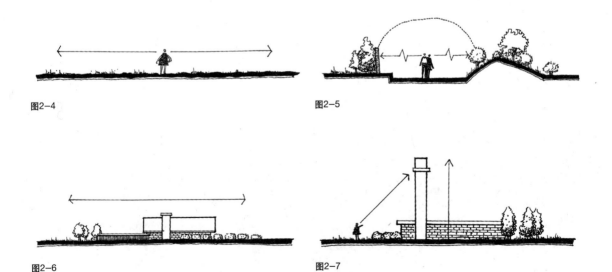

图2-4

图2-5

图2-6

图2-7

图2-8

图2-8　法国凡尔赛宫及其
园林在平地上重复排列几何形

存在，平静而耐人寻味，任何处于平地上的垂直景观都会以主体地位展露，并
且代表着场所的精神性质。

平地是唯一适合各种几何形状重复排列的地形，这些几何构成可以不受限
制的复制，形成壮观而整体的视觉效果，如法国文艺复兴时期勒瑙特亥式园
林，典型的案例是法国凡尔赛宫及其园林（图2-8）。

平地对道路的修建有重要意义，容纳任何方向的交通路线而使其不受限
制，并且平地同样适合作为公共广场、高楼建筑的用地。

虽然，平坦地形有诸多有利条件，但在场地开发与设计过程中应以最小干
预为指导原则，不应为取得更宽阔的平地而大肆填挖土地，真正优良的设计是
建立在尊重和保护基地的基础上开展的，合理分析土地的潜力，创造更为适合
某地区土地形态类型的景观环境才是设计师不断追求的目标。

2. 凸地形

观揽国土，山峰、山脊、丘陵、小山丘等都归属于凸地形，凸地形可以简
单定义为高出水平地面的土地。相比较平地，凸地形有众多优势，此类地形具
有强烈的支配感和动向感，在环境中有着象征权利与力量的地位，带来更多的
尊重崇拜感。可以发现，一些重要的建筑物以及上文中提到的纪念性建筑多耸
立于山的顶峰，加强了其崇高感和权威性。

凸地形是一种外向形式，当建筑处于凸地形的最高点时，视线是最好的，
可以于此眺望任意方向的景色，并且不会受到地平线的限制（图2-9）。因此，
凸地形是作为眺望观景型建筑的最佳基址，引发游人"会当凌绝顶，一览众山
小"的强烈愿望。

想要加强凸地形的高耸感方法有二：首先在山顶建造纵向延伸的建筑更
有益于视线向高处的延伸，其次，纵向的线条和路线会强化凸地形的形象特
征。相反，横向的线条会把视线拉向水平方向，从而削弱凸地形的高耸感（图
2-10）。因此，针对特定的要求，应适当调整对凸地形的塑造手法。

凸地形中包含了山脊的形式，所谓山脊是条状的凸地形，是凸地形的变式
和深化。山脊有着独特的动向感和指导性，对视线的指导更加明确，可将视觉

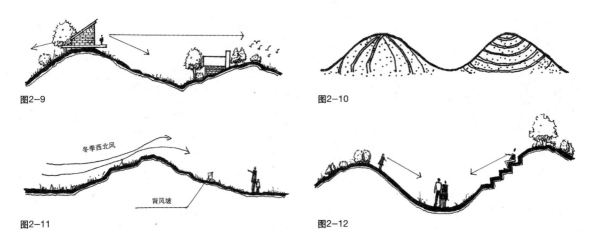

图2-9

图2-10

图2-11

图2-12

图2-9 位于凸地形高点时视线不受干扰

图2-10 纵向线条加强凸地形特质，横向线条削弱高耸感

图2-11 西北坡受冬季寒风吹袭

图2-12 凹地形中视线聚集在下方内部空间

引入景观中特定的点。山脊与凸地形同样具有视觉的外向性和良好的排水性，是建筑、道路、停车场的较佳的选址。

在凸地形的各个方向的斜坡上会产生有差异的小气候，东南坡冬季受阳光照射较多且夏季凉风强烈，而西北坡冬季几乎照射不到阳光，同时受冬季西北冷风的侵袭（图2-11）。因此，在我国大多数地区，东南朝向的斜坡是最佳的场所。

总之，凸地形有着创造多种景观体验、引人注目和多姿多彩的作用，这些作用不可忽视，通过合理的设计可以取得良好的功能作用和视觉体验。

3. 凹地形

凹地形与凸地形有着本质的差别。凸地形是一块实地，而凹地形则为一个空间。一个凹地形可以连接两块平地，也可与两个凸地形相连。在地形图上，凹地形表示为中心数值低于外围数值的等高线。凹地形所形成的空间可以容纳许多人的各种活动，作为景观中的基础空间。空间的开敞程度以及心理感受取决于凹地形的基底低于最高点的数值，以及凹地形周边的坡度系数和底面空间的面积范围。

凹地形有着内向型和向心性的特质，有别于凸地形的外向性和发散性，凹地形能将人的视线及注意力集中在它底部的中心，是集会、观看表演的最佳地形（图2-12）。将凹地形可以作为独特的表演场地是可取的，而凹地形的坡面恰巧可作为观众眺望舞台中心的看台（图2-13）。许多的户外剧场、动物园观看动物的场地以及古代罗马斗兽场和现代运动场都是一个凹地形的坡面围成的较为封闭的空间。

凹地形对小气候带来的影响也是不得忽略的，它周边相对较高的斜坡阻挡了风沙的侵袭，而阳光却能直射到场地内，创造温暖的环境。虽然凹地形有着种种怡人的特征，但也避免不了落入潮湿的弊病之中，而且地势越低的地方，湿度就越大。首先这是因为降水排水的问题所造成的水分积累，其次是由于水分蒸发较慢。因而，洼地本身就是一个良好的蓄水池，也可以成为湖泊或是水池。

图2-13

图2-13 凹地形形成聚会、表演的场所

另一种特殊的凹地形——山谷，其形式特征与洼地基本相同，唯一不同的是山谷呈带状分布且具有方向性和动态性，可以作为道路，也可作为水流运动的渠道。但山谷之处属于水文生态较为敏感的地区，多有小溪河流通过，也极易造成洪涝现象。山谷地区设计时应注意尽量保留为农业用地，生态脆弱的地区谨慎开发和利用，而在山谷外围的斜坡上是较佳的建设用地（图2-14）。

实际上，这些类别的地形总是相互联系、互相补足、不可分割的，一块区域的大地形可以由多种形态的小地形组成，而一个小地形又有多种微地形构成，因此，设计过程中对地形地貌的研究不能单一的进行，要采用分析与综合的方法进行设计与研究。

2.2.3　地形的功能

地形在景观空间的设计中与许多景观要素之间都有着一定的联系，其作用不容忽视。此外，地形也能起到引导视线、疏导排水、调节小气候、分割空间等功能作用，并能影响某一地区的美学特质。

1. 引导视线

地形可以引导人们的视线指向某一固定方向或固定点，并且通常停留在某个特殊焦点上，根据人的视线移动特征，可改造地形以引导人的视线指向风景优美的环境。将空间中两个相对方向的地形抬高，形成对视线的天然屏障，可将视线引导至空间另外两个方向（图2-15）。

地形可以彰显与强化景物的某种特征，当视点集中在高处目标物时，会使

图2-14 谷边作为开发建设用地，谷底留作耕地和开敞空间
图2-15 凹地形将视线引向景观焦点

图2-14

图2-15

图2-16

图2-17

图2-16　古城堡多位于高耸的山峰上

图2-17　停车场设计运用地形遮蔽来往车辆

目标显得更加清晰和明确，其特征也更加鲜明，即使在远处也能清晰观察到。如欧洲多数古城堡位于山峰之上，不仅有着防御功能，且形成威严高耸的感受（图2-16）。

地形还可以隐藏、遮蔽景物，将地形改造成土堆，能屏障住环境中不悦的景色，诸如停车场、库房等杂乱景物。如图2-17，案例是停车场广场的景观设计，隆起的丘陵几乎完全遮挡住了停车场进进出出的车辆。又如，英国文艺复兴时期的自然风致园，通过运用地形来隐藏位于谷底的墙体和栅栏，可增强景观的连续性和自然性（图2-18）。但运用地形遮蔽景物时，需要较大的面积，地形的坡度越小所占空间就越大，因此，通过土坡遮挡视线需要在场地空间允许的情况下进行。

地形的另一种作用是遮挡部分的景物，进而诱导视线，以形成连续的景观序列。当景物有一部分被地面土坡所遮挡时，会引发人们的猎奇心理，进而吸引人向未知的另一部分区域探索，如此便可引导人一步步走向规定的景观空间。一个景观若是显现无疑地暴露在人的视线范围内便失去了一定的趣味性和吸引性。

2. 疏导排水

地形在城市排水系统中起着不可忽视的作用，在大型广场或草坪设计以及施工时，不能将地形处理为完全的平地，尤其是地面铺装为硬质材料，空间更易产生积水。而利于排水的坡度应不小于百分之一，且为防止种植灌木的斜坡水土流失，其坡度还应小于百分之十。

3. 调节小气候

在景观空间中，某一地区的光照、风向以及降水量都或多或少受地形的影响。在温带大陆性气候的区域内，朝向南方的坡面在冬季受到的光照要多于其他朝向坡面的光照时长，而朝向背面的坡面几乎得不到光照。夏季，所有方向坡面均可照射到阳光，但受光照和太阳辐射强度最多的是位于西坡的区域，该区域在午后会直接受太阳的照射。

针对风向而言，在冬季，西北方向坡面直接受寒冷冬季风的吹袭，而东南坡不会暴露于寒风之中；在夏季，凉爽的微风吹向西南坡，带来凉爽的气候。综合对比，温带大陆性气候地区内，东南坡常作为最佳的场地开发区域，其原因在于东南向坡冬季不受严寒风吹，且冬季受阳光间接辐射，保持了场地温

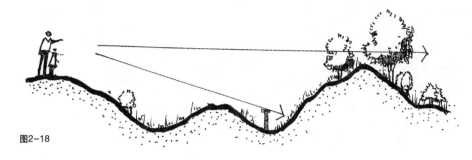

图2-18 运用地形来隐藏
位于谷底的墙体和栅栏
图2-19 风向与地形

图2-18

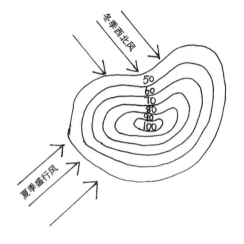

北坡：
　　受寒风吹袭
西坡：
　　受冬季和夏季风的吹袭
南坡和东南坡：
　　受夏季风吹袭
　　但不受冬季风吹袭

图2-19

度；而夏季风的吹拂创造了舒适的环境气候（图2-19）。

同样，一个地区的降水量受地形影响，有一种是降雨类型的形成是由于暖湿气流沿着山体迎风坡攀升，使温度下降，从而形成降雨，这种降雨称之为地形雨。地形雨也是在设计中必须考虑的问题。

4. 划分空间

在区域范围内，不同地域类型形成风格迥异的小单元空间环境，如承德避暑山庄内，将功能区域划分为平原区、山地区、湖泊区；显然，景观的分区可以按照地形的分类来限定。另外，通过改变场地地形高度，能够限定一个空间的大小和范围。如图2-20中用高凸的斜面框定篮球场的空间范围。

图2-20 运用地形限定边
界围合空间

图2-20

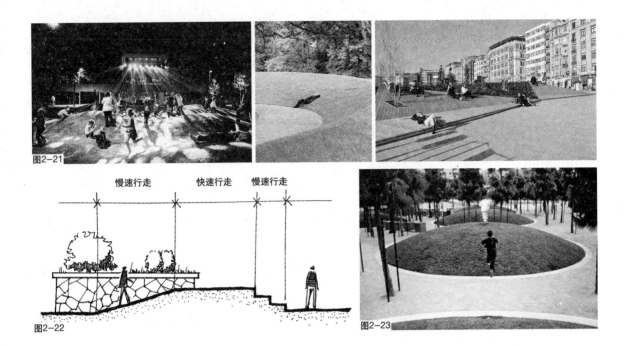

图2-21

慢速行走　　　快速行走　　　慢速行走

图2-22

图2-23

图2-21　提供休闲场地
图2-22　地形影响行为
速度
图2-23　增加和改变游览
路程

5. 提供休闲场地

一块微凸的地形常常成为人们休闲的场所，或躺或坐（图2-21）。人们对微地形的青睐原因在于生理和心理两方面原因，倾斜的坡度在人躺卧时较为舒适，也便于起身；另外，在人躺下时仍可观看到前方景物，产生一定的安全感。

6. 影响行为速度

当设计一处供人游览观赏的空间时，地面坡度变化不应过大，否则，游客将会过多关注脚下路面而无暇观赏景色，此时路面地形最好是平地或较为平缓的坡面。当设计的空间位于人流交通密集之处时，设计多采用平坦地形，因为人们行走在平坦地形上方可快速通行，从而减少人员拥堵。再如设计休闲空间或漫步道时，应适当增加地形的变化为宜，坡面地形相对于平坦地形而言可适当减缓行人行走速度，为游客创造更丰富的感官体验（图2-22）。通过改变地形的起伏可以改变游览路线或增加游览路程（图2-23）。

2.2.4　运用地形塑造空间

在运用地形塑造空间时，需考虑空间的场所性，每类空间都有其性质特征。影响空间感受的地形要素有三：坡度、高度、宽度。坡度是指围合空间的斜坡和水平地面的角度，坡度越大空间封闭感就越强；高度指空间视域内，地平轮廓线的形状和高度，一个空间的天际线取决于周边的建筑或是山脊轮廓线的造型和高度，轮廓线越高，空间压迫感越强；宽度是指空间底面的面积大小，底面积越大，空间的开敞度就越大。三者中任何一个元素的改变，都会带

图2-24　运用地形塑造空间
图2-25　大地景观

图2-24

图2-25

给人不同的心理感受。根据人对空间的需求塑造开敞或私密性的景观空间（图2-24）。对地形的改造和利用可以形成大地景观（图2-25）。

　　通过利用微地形，可以形成愉快活泼的景观效果，人们可聚集在微凸的地形上放松、闲谈、嬉戏（图2-26）。尤其是儿童游乐场地，常用地形的微凸营造趣味丰富的空间；显然，当场地有土堆、石堆等材料堆积成凸地形时，孩子们会自然地被吸引并在此攀爬玩耍，以满足儿童的好奇心。

图2-26　形成游乐场地

图2-26

2.2.5　地形图的表现方法

（1）原则上，等高线总是没有尽头的闭合线；

（2）绘制等高线时，除悬崖断壁外，不能有交叉；

（3）为区别原有等高线和设计等高线，在等高线绘制时，可将原有等高线表示为虚线，将设计等高线表示为实线（图2-27）；

（4）注意"挖方"和"填方"的表示方法。平面图中，从原有等高线走向数值较高的等高线时，则表示"填方"；反之，当等高线从原等高线位置向低坡偏移时，表示"挖方"（图2-28）；

（5）注意"凸"和"凹"状坡的表示方法。平面内，等高线在坡顶位置间距密集而朝向坡底部分稀疏表示凹状坡，反之，等高线在坡底间隔密集而在坡顶稀疏则表示凸状坡（图2-29）；

（6）注意"山谷"和"山脊"的表示方法。等高线方向指向数值较高的等高线表示谷地，指向数值低的方向表示山脊（图2-30）。

2.2.6　地形设计的原则

（1）对地形的改造应尽量以最小干预为原则，尊重原有地形地貌，尽量减少"填方"和"挖方"。

（2）要做到因地制宜的改造地形，符合自然规律，不可破坏生态基础，根据具体地理环境制定改造设计计划；

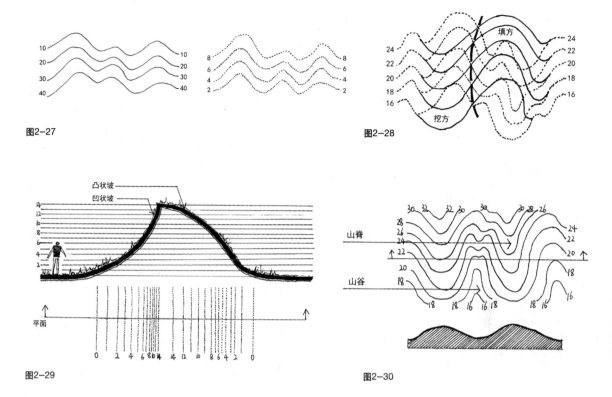

图2-27

图2-28

图2-29

图2-30

（3）在进行地形的改造和设计过程中，要考虑艺术审美要求；

（4）设计应以节约为指导原则。

图2-27　设计等高线用实线表示、原有等高线用虚线表示

图2-28　挖方和填方示意图

图2-29　凸和凹状坡的表示方法

图2-30　山谷和山脊的表示方法

2.3　植物

植物带给人们的益处不容忽视，例如：保持水土、涵养水源、美化城市环境，调节微气候以及净化城市空气等。植被是景观设计中的一个重要生态要素，在实行具体的景观设计时，应该考虑植物的习性、树种的选择，植物的色彩、造型，考虑速生树和慢生树的结合等因素，应遵从植物搭配的形式美法则，创造怡人、怡景的生态环境。

2.3.1　植物分类及运用

1. 乔木

乔木多为高度5米以上的、有一颗直立主枝干的木本植物。乔木的大小最高可达到12m甚至更高，通常在9～12m之间。乔木的大小决定了它作为主景而出现，构成景观中的基本轮廓和框架，形成立体的高度，通常在设计时优先布置乔木的位置，其次是灌木、地被等。乔木在空间中可以充当室外"天花板"的功能（图2-31），其高大的树冠为顶部限定了空间，而随着树冠的高度不同，产生了不同心理感受的空间，高度越低，亲切感越浓厚；高度越高，空

图2-31

图2-32

图2-33

图2-31　乔木可以形成覆盖空间

图2-32　灌木的连接作用

图2-33　藤本植物

间越显高大。

2. 灌木

灌木是没有明确的主干，由根部生长多条枝干的木本植物，如映山红、玫瑰、黄杨、杜鹃等，可观其花、叶、赏其果。灌木通常高度在3m以下，而高度在1.5~3m的灌木可以充当空间中的"围墙"，起到阻挡视线和改变风向的作用；而高度小于1.5m的灌木不会遮挡人的视线，但能够限定空间的范围；大于30cm小于1.5m的灌木与"矮墙"的功能类似，可以从视觉上连接分散的其他要素（图2-32）。

3. 藤本植物

藤本植物，是指茎部细长，不能直立，只能依附在其他物体（如树、墙等）或匍匐于地面上生长的植物，如葡萄、紫藤、豌豆、薜荔、牵牛花、忍冬等。利用藤本植物可以增加建筑墙面和建筑构架的垂直绿化，以及屋顶绿化，从而为城市增添观赏情趣；另外，匍匐在地面的藤本植物能够防止水土流失，并可显示空间的边界（图2-33）。

4. 草本花卉

花草是运用相当广泛的植物类型，其品种较多，色彩艳丽，且适合在多地区生长，适用于布置花坛、花境、花架、盆栽观赏或做地被使用。在具体设计实践中，应在配置时重点突出量的优势。根据环境的要求可将草本植物和花卉植物种植为自然形式或是规则式。

2.3.2　植物与生态关系

生态环境中的光照、空气、水分、土壤以及温度等因子对植物的生长都起着至关重要的作用，因此，作为研究植物的功能作用和美学效果等理论的前提基础。植物在某一特定的环境中形成了对某些生态因子的特定需要，称为植物的生态习性。如棕榈科大部分种类的生态习性需求高热的气候条件，而桦木、云杉、冷杉类等需要生长在高海拔地区或是寒冷的北方；木棉、梅、桃则生长在有充沛阳光的地区。

1. 光照

不同植物生态类型对光照的强度需求不同，根据植物对光的要求可分为阴性植物和阳性植物。阴性植物在弱光的环境下生长较好，需要光度在全日照的百分之五到百分之二十，通常在植物群落中处于中、下层有一定遮蔽条件的环境中，如可可、肉桂、黄连、人参、红豆杉、三尖杉、铁杉等；阳性植物需要光度全日照在百分之七十以上，在各层植物群落中常处于上层乔木，此类植物有木棉、椰子、杨、柳、槐、桦等。

2. 空气

植物的光合作用离不开空气中的氧气、二氧化碳等物质，并且许多植物的花粉都通过空气的流通来传播，因此空气的质量影响着植物的开花情况以及健康生长。而空气中的二氧化硫、氯气等大气污染，对植物的生长产生了严重的影响。

3. 水分

水分是植物体内不可或缺的成分，根据植物对水分的需求，可分为水生植物、湿生植物和旱生植物等类别。水生植物有的浮水，有的沉水，还有部分植物器官露出水面，常见的水生植物有莲、芡实、萍蓬、蒲草等等；湿生植物也叫沼生植物，属于抗旱能力最小的陆生植物，其根部常没于水分充足的土壤中，榕属、梨、夹竹桃等植物属于此类；旱生植物通常在沙漠、黄土高原等炎热干旱的地区生长，在植物造景中常用的有皂荚、小叶杨、合欢、柏树等。

4. 土壤

土壤是植物生存生长必不可少的基质，同时为植物根系的生长提供场所。土壤中含有氮元素、磷元素、钾元素等微量元素，为植物提供养分。为保证植物的良好生长，被污染的基质和过酸、过碱的土壤都应避免。而理想的土壤环境是弱酸性至中性，有机质含量丰富，保水性强。

5. 温度

植物的光合、蒸腾、呼吸等生理作用都受温度变换的影响。任何植物的生存生长都有温度三基点的要求，分别是最低、最适、最高温度。而过低的温度会使植物受到冻害和寒害，而过高的温度则影响植物的质量。了解各类植物对环境的要求，才能着手于植物的搭配。

植物的生长离不开阳光、空气、水等自然因素，同样，植物也影响着一个地区的水文土地、空气质量以及气候气温等。植物对空间的生态效应主要表现在涵养水源、保持水土、固坡护坡等方面。植物的蒸腾作用能够促进降水，增加大气的湿度，且植物的种植有利于水的下渗，其叶片可以缓冲雨水对地面的直接冲刷，减少了地表径流，储存水分。并且，植物的根系能固定表层土壤，避免水土流失。另外，植物能够调节一个空间的小气候，在炎热的夏季，大面积的草坪加上凉爽的树荫，是人们向往纳凉的好去处；冬季，植物种植在空间的西北方向能够阻挡冷风的吹袭。

2.3.3 植物的功能

植物的功能和作用不胜枚举，除各种生态效应以外，植物对空间的营造和环境的美化也起着重要作用。在某种特定条件下，植物可以充当屏障的作用，无论是阻挡不良风向的吹袭或是遮挡不悦景观的视线抑或是创造引人注目的视觉焦点均起到了良好效果。

1. 构造空间

植物营造空间的功能是指植物充当一定的构成要素，如空间的垂直面、顶面以及其他组织空间的因素，并通过充当构成要素围合或连接、分割空间。

（1）塑造空间

图2-34 运用植物塑造空间　　运用植物塑造空间时，可以形成不同开敞程度的空间效果，有开敞空间、

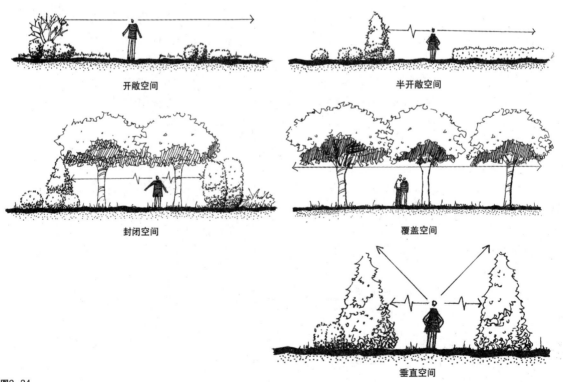

开敞空间

半开敞空间

封闭空间

覆盖空间

垂直空间

图2-34

图2-35　品字构

图2-35

半开敞空间、封闭空间、覆盖空间和垂直空间（图2-34）。这些空间类型的形成是由植物的高度和枝叶的密度而定的：植被越低矮，枝叶越稀疏，越容易形成开阔的空间；反之，植物越高大、枝叶越紧密，对空间的围合程度就越高。另外，通过在场地内种植高大且有浓密树冠的树木，可形成顶面覆盖的水平空间。这种空间在夏季不仅起到遮阴效果，还能使微风通过，从而降低温度。而垂直空间是运用高耸挺拔的植物塑造一个向上开敞的空间，将视线引入高处，创造庄严神秘的感受。

（2）分割空间

植物的构造功能还表现在分割空间上。仅将地面做硬质材质铺装和软质绿化的区分就能很好地暗示空间的范围（图2-35）；另外，空间内的一排植物或是几株植物便能将空间分割为两个或多个小空间。

2. 美化环境

以美学的视角来看，植物有着强调景观、软化空间、统一视觉、框景障景等作用。

（1）强调景观

在运用植物构造空间时通常会结合其他因素共同构成空间轮廓，比如植物可以与地形相结合，不仅能够强化地形视觉特征也能削弱其特征，如：当植物位于凸地形的最高点时，会加强地形的高耸感；并且在建筑的入口或是景观的开端通常运用特殊造型或是颜色醒目的植物强调其入口（图2-36）；另外，植物还可充当背景，强调空间景观主题物（图2-37）。

图2-36　强调入口
图2-37　充当背景

图2-36

图2-37

图2-38

图2-38 植物的统一作用

（2）软化空间

植物还可以改善建筑物所构成的冷漠，起到软化空间的作用。城市中要想创造富有人性化的空间就避免不了多用植物来柔化生硬的人工建筑物的线条，植物给人更多的亲切感，也更容易与人亲近。

（3）统一视觉

运用植物能将分裂的两个或多个视觉要素连接起来，进而形成完整有序的室外景观空间或形成统一的背景色调（图2-38）。植物始终可以作为一种恒定的要素，其他环境因素的改变而自身不受变化的影响。城市街道中林立着色彩造型各异的建筑物，破坏了街道的整体景观效果，而行道树往往起到了统一街道视觉要素的作用，美化了城市环境。

（4）框景障景

另外，植物可以作为取景框来看，将美好的景物框入视线范围，加强景观的可视性（图2-39）。同时植物可以充当人们视线的屏障，且选取具有一定通透效果的植物会产生相应的漏景效果，使景观更加丰富多彩。

图2-39 植物的框景作用

图2-39

图2-40　植物搭配
图2-41　深浅绿色植物与观
赏者之间的不同视觉感受

a 深绿色植物"靠近"观赏者

b 浅绿色植物"远离"观赏者

图2-41

（5）突出季相

植物在不同季节有着不同的美学特征，春天百花争奇斗艳，香气扑鼻；夏日，树木繁茂，绿叶成荫；秋天，植物果实丰硕，色彩丰富；冬季，枝干造型奇特，有枯木寒林的意境。

2.3.4　植物的美学要素

植物的颜色、质感、造型、枝叶、大小不尽相同，不同的组织方法带来差异显著的视觉效果，从而营造出不同氛围的环境空间。如纪念性建筑空间周边多用松柏，强调庄严肃穆的空间氛围；而公园娱乐性场所选用植物通常色泽靓丽、造型奇特，营造欢乐轻松的空间环境。植物的选取应从场地的性质出发，并在满足植物的功能性的前提下，根据植物的美学特征，结合植物的形态、大小、色彩以及叶片等特征，合理搭配植物种类，增强植物的观赏性（图2-40）。

1. 植物的颜色

通过叶子、枝干、花果呈现出的不同颜色可将植物的颜色分为深绿色、浅绿色和彩色。

（1）深绿色

运用深绿色植物应注意，首先，深暗的颜色能带来平静宁和的气氛，但如果过多使用也会造成空间的阴郁沉闷；其次，深绿色的植物位于视线末端时，会缩短观赏者和景物之间的距离，进而从视觉上缩短空间距离（图2-41a）；并且，深绿色植物可作为背景衬托浅绿色的植物或是彰显花朵。

（2）浅绿色

浅绿色植物给人以活泼、明亮，并远离观众的视觉感受。同时，浅绿色植物也可以作为前景位于深绿色植物之前（图2-41b）。

（3）彩色

植物彩色的视觉效果，比如春季的花色，秋季的黄叶、红叶等等，这类有着独特色彩的植物比较引人注目，因此常作为主景出现在空间内。虽然花朵的色泽能为景观带来生气和活力，红色的树叶或金黄色的落叶为环境增添层次。但是，花朵的寿命较短，秋色也维持不过几周，所以搭配植物的颜色时还应多考虑夏季和冬季的色彩。

2. 植物的造型

植物的造型根据树枝的开散形状可分为纺锤形、球状形、尖塔形、伞状形、特殊形这五大类。纺锤形植物上部和底部较窄，中间部分宽阔，高度大于宽度、形成纵向空间的拉伸感，常见的树种有侧柏、山麻杆、日本柳杉等（图2-42）；球状形是较为灵活、柔和的类型，在植物搭配中极易与其他植物类型相调和，具有此类造型的树种有黄槐、榕树、橘树、大叶黄杨、小叶女贞、香樟等（图2-43）；尖塔形底部宽，向上宽度逐渐收缩，形成尖顶，如黑松、龙柏、雪松等（图2-44）；伞状形植物枝叶呈散开形生长，常见的有合欢、蒲葵、苏铁、大王椰子等（图2-45）；另外还有一类特殊形植物，其造型奇特，姿态万千，可以作为孤植树木成为景观的视线焦点，典型的代表如鸡爪槭以及多年生的有着奇特造型的老树（图2-46）。

3. 植物的叶片

植物的叶片类型可分为针叶植物、阔叶植物。在植物配置时，若全用落叶植物或常绿植物都不能带来良好的视觉效果，因此，设计时应考虑落叶植物和常绿植物的搭配结合（图2-47）。

（1）常绿针叶植物

针叶植物基本为常绿树种，颜色以深绿色为主，基于这一特征，针叶植物通常在景观中尤其突出，在环境中可塑造一个沉思的空间，但此类植物不易使用过多，以免产生阴森、灰暗的感觉，因此，在植物配置中针叶植物应少于落叶阔叶植物。常用的针叶植物乔木有雪松、黑松、龙柏、马尾松、桧柏；灌木有翠柏、五针松、匍地柏、千头柏等（图2-48）。

（2）落叶针叶植物

落叶针叶植物的树冠常为尖塔形，叶片呈鲜绿色，较喜阳，生长在夏季温

图2-42　纺锤形
图2-43　球状形植物

图2-42　　　　　　　图2-43

图2-44

图2-45

图2-46

图2-44　尖塔形
图2-45　伞状形植物
图2-46　特殊形植物
图2-47　落叶植物和常绿
植物的搭配
图2-48　常绿针叶植物

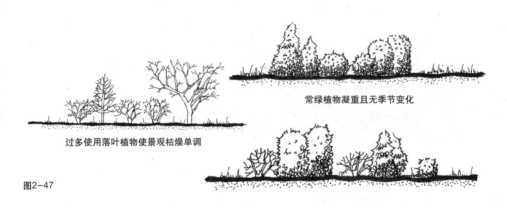

常绿植物凝重且无季节变化

过多使用落叶植物使景观枯燥单调

图2-47

图2-48

图2-49　落叶针叶植物
图2-50　常绿阔叶植物
图2-51　落叶阔叶植物

和湿润的地区，落叶针叶植物总体较为少见，基本无灌木为此类型，而常用的乔木有水杉、金钱松等（图2-49）。

（3）常绿阔叶植物

常绿阔叶植物生长在气候潮湿温暖的地区，既不耐寒，也不得长时间阳光照射，常绿阔叶植物叶片光泽度较高，在春季也有艳丽的花朵开放。乔木类有香樟、广玉兰、棕榈和女贞等；此类型灌木常用的有大叶黄杨、瓜子黄杨、石楠、桂花、迎春、栀子、杜鹃、山茶、苏铁等（图2-50）。

（4）落叶阔叶植物

落叶型植物叶片随季节而生长、凋落，在大陆性气候带中此类植物占主要地位。此类植物随着季节的变化产生不同的视觉效果，增添环境的活力。属于落叶阔叶植物的乔木有柳树、槐树、悬铃木、合欢、银杏等；常见的灌木有樱花、白玉兰、桃花、紫薇、红叶李、石榴以及木槿等（图2-51）。

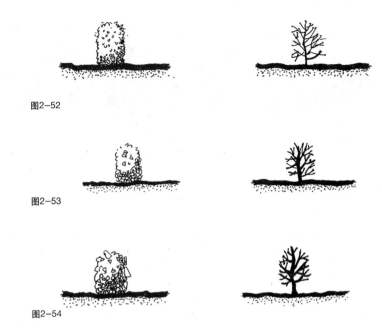

图2-52 细质形植物
图2-53 中质形植物
图2-54 粗质形植物

图2-52

图2-53

图2-54

4. 质感

植物的质感表现为粗糙或细腻的不同感受。植物的质地由植物枝条的粗细、枝干的表皮、叶片的大小和植物的整体生长趋势以及观赏位置远近所决定。为方便讨论植物的质感在景观设计中的运用，可将植物质感分为细质型、中质型和粗质型。

（1）细质型

此类植物枝叶细小、整齐、密集，质地纤细柔软，适合在空间中做为中性背景，为空间提供细腻、雅致的特性。细质树不易引人注目，运用在户外时，可造成视觉上的空间大于实际空间大小，因此，细质型植物在局促的空间内使用具有较大的意义（图2-52）。

（2）中质型

中质型植物具有中等大小和长度的叶片、枝干，在植物中占比重较大，因此，在布置植物时也最为多用。中质型树木可作为视觉的统一元素，将景观中各个视觉要素联系一起（图2-53）。

（3）粗质型

粗质型树木叶片肥大、枝叶粗壮，生长稀疏，观赏性高，因此可作为景观中的焦点而出现，且粗壮型植物会将观赏者与之的距离在视觉上拉近，从而缩短视觉上的空间距离（图2-54）。

2.3.5 植物配置方法

对于植物群体的配置要符合多样统一、体现季相美等原则，针对不同植物的类型，有其相应的配置方法，对于乔木、灌木的配置有孤植、对植、行植、

图2-55
图2-56
图2-57

图2-55 孤植
图2-56 对植
图2-57 列植

丛植、林植、篱植等；攀援性藤本植物可以用做屋顶绿化和垂直绿化；花卉植物的配置可通过花坛、花境的形式表现；而对草坪有自然式和几何式的配置方法。下文主要通过对乔木、灌木的配置方法进行讨论。

1. 孤植

单株植物孤立种植的方法称之为孤植。孤植并不一定只可种植一棵树，也可将两三株同品种的植物紧密地种植在一起。孤植树应选用高大壮硕、形态优美、树冠张开等观赏价值高的树种，如榕树、云杉、雪松、银杏、合欢、垂柳、鸡爪槭、樱花、梅花等。孤植树多位于视觉中心或是平面构图中心而成为主景，在景观中常处于四周开阔的较高位置，并且留出最佳的观赏距离。另外，孤植树可用于水体、草坪、假山附近，也可植于廊道、桥头、曲径的转折处，具有导向性和标志性作用（图2-55）。

2. 对植

两株植物按照一定的轴线关系均衡或对称种植的配置方法称其为对植。此类种植方法常用在景观、建筑、公园、广场的入口两侧对称种植，形成框景或夹景，且对植多选用树形整齐优美、生长较慢的常绿树种。在园林中多处于构图中的配景，以烘托陪衬主景。若用在自然式景观园林中，作对植的两株植物最好选用同大小、造型有一定差异的植物，形成对比和节奏（图2-56）。

3. 列植

列植也叫行植，即行列栽植。列植是指植物按成排、成列种植，多用于道路两侧、大型建筑周围以及矩形广场、水池附近。栽植方式有等距和非等距两种种植方法，但以等距种植为主，以创造整齐、纯粹的景观效果。列植要求植物在平面上有相等的株行距，在立面上有着大体相等高矮的树。植物的间距根据成年植物的冠幅大小决定，一般乔木的间距在3～9m，乔木在1～3m。列植可形成背景、成林，统一或引导视线（图2-57）。

4. 丛植

通常由2～3株至10～20株同种或异种的树木按照一定的布置规律组合在一起，使其林冠线彼此连接而形成一个整体的植物丛组。常布置在草坪、水畔、岛上或土丘山岗上，作为主景的焦点。丛植的关键在于巧妙地处理株距、种距的关系，以及对植物色彩、大小等配置。

三株植物的构图以不等边的三角形构图为佳，三株植物中要有主有配，距离上也应有远有近。四株植物的组合最好用两种植物类型，在配置过程中应较多注意植物的大小、色彩、形状以及质感的合理搭配，形成一定的韵律、节奏和层次，不能将四株植物并排种植在一条直线上，也不能两两组合，可将三株较近，一株远离，或两株靠近，一株稍远，另一株远离。五株植物的配合同样最好使同种或两种植物品种布置，理想的分组方法是三株一小组、两株另一小组，但主体应在三株一组之中。也可将四株植物靠近形成一小组，另一株植物稍作远离（图2-58）。而10～20株植物的搭配要遵循疏密有秩、主次分明以及多样统一的原则，否则易形成杂乱无美感的景观空间。

5. 群植

由20～30株及以上乔木或灌木混合配植，主要表现植物的群体美，因而对单株要求不大。在进行群植时，树种的选用不宜过多，应有基调树，植物层次丰富，且种植应疏密有致，应尽量模拟植物的自然状态，突出主要林冠线、林缘线的优美和色彩季相效果（图2-59）。

6. 林植

成块、成片大面积栽植乔、灌木，以形成林地和森林景观的应用形式叫林植。林植在园林中可充当主景或背景，起到空间联系、隔离或填充作用。这种配置方式多用于大面积公园安静区、风景游览区或休、疗养区和卫生防护林带

图2-58　2～5株植物丛植配植方法

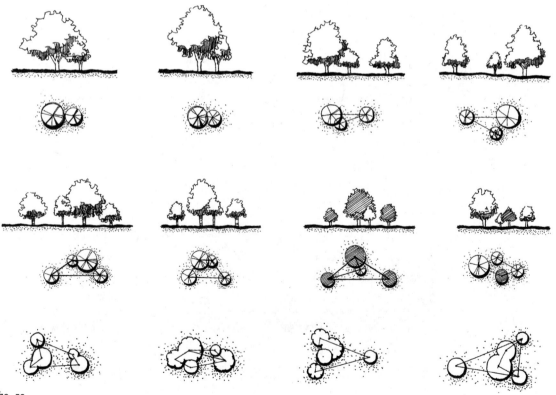

图2-58

图2-59 群植

图2-59

等（图2-60）。林植又分密林和疏林，密林通常不便游人进入、游玩，多为观赏性丛林；疏林常与草坪结合，是景观园林中最常用的一种形式，为人们休闲娱乐提供舒适场地。

7. 篱植

指用耐修剪的乔灌木，以近距离的株行距，单行或双行排列成结构紧密的规则绿带（图2-61）。篱植在景观中的作用不容忽视，高绿植可用作景观的墙界，起到维护防范的作用，同时可以遮挡不悦景物；矮绿篱可作为花境、花坛的镶边，起装饰勾边的作用，也可用来限定、组织空间或引导游览路线。

2.3.6 景观种植基本原则

（1）考虑植物的生态要求，多选用本地植物，且为植物生长创造适宜的生态条件，谨慎使用外来物种，应限制在经过良好改善的区域中；

（2）从原则上来讲，在做规划设计时，场地现存的植物需被保留；

（3）为保持水土、防止水土流失，需在底层地面上种植地被植物；

（4）植物的种植要符合绿地性质和预期要求，如街道绿植的主要任务是提供荫凉，与此同时还需考虑组织交通和美化环境的作用，工厂的绿化则以防护为主要功能，纪念性景观的植物多为营造严肃庄重的气氛；

（5）选择作为主题基调树的类型应当是中等速生并且好管理的木本树种；

（6）避免多种植物类型的分散，尽量保持种植的简单化。

图2-60 林植
图2-61 篱植

图2-60　　图2-61

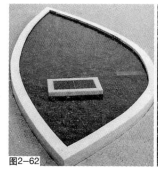  

图2-62

图2-63

2.4　水体

图2-62　设计盛水的容器
图2-63　意大利台地园中的动水

水是地球上生命生存的必要物质条件，早期城市的选址多聚集于河流、溪水附近，不仅因为水是维持着生命的必需品，也是由于人们在情感上对水有着特别的偏爱。水是景观设计重要的生态要素，有着调节气温、降低噪声、灌溉土地等生态效应。水还能提供较多的造景手段，创造特殊的浪漫主义空间，增加空间的趣味性和参与性。

2.4.1　形态

水的状态是无色无形的液体，具有流动性和可塑性（图2-62），水的形状受重力的影响，高处的水向低处流动，形成动水；而静止的水是由于重力作用保持平衡稳定。"水，活物也，其形欲深静，欲柔滑，欲汪洋，欲回环，欲肥腻，欲喷薄，欲激射，欲多泉，欲远流，欲瀑布插天，欲溅扑入地，欲渔钓怡怡，欲草木欣欣，欲挟烟云而秀媚，欲照溪谷而光辉，此水之活体也。"郭熙在《林泉高致》中这样对水进行描述。

1. 动水

河流、小溪、瀑布是动水的自然形态，动水也存在于景观中的人工水体中，例如喷泉、跌落的流水等。动水具有强烈的方向感和活力感，潺潺的水声，容易激发人们的注意，创造令人激动的环境空间。在阳光下，动水波光粼粼的光色也为景观增添观赏性，16世纪意大利文艺复兴时期的台地园常用动水创造声色兼备的空间（图2-63）。

（1）河流、小溪

此类流动水体的特征取决于水的流量、河床的宽窄以及坡度、驳岸和河底的性质。要使流水湍急，需要缩小河床上游和下游的宽窄并加大河床坡度，或增加河底和驳岸的粗糙程度，如使用鹅卵石或毛石，这些因素对水的流动产生阻碍，因此，导致了水体与之的碰撞和摩擦，加快了流速，并产生了声响（图2-64）。

在现代景观设计中，常常运用人工手段，创造小溪流，如伦敦海德公园内的戴安娜王妃纪念泉，设计是基于"敞开双臂——怀抱"为理念，顺应了场地

图2-64 流水的快慢与湍急决定于河岸的宽窄和河底的性质

图2-64

起伏的地形，形成环形水渠，从而创造出流动多变的水体。高低起伏的地形和收放有秩的河道，以暗示戴安娜跌宕起伏的一生（图2-65）。

（2）瀑布

瀑布的形式多种多样，常见的有自由瀑布、跌水以及水墙（图2-66）。瀑布的形态通常由水量、高差、落水边缘形态以及承水平台所决定，通过改变影响瀑布形态的几点因素可以创造出许多趣味和丰富多彩的视觉效果。

彼得·沃克在美国俄勒冈州波特兰市波特兰公园和杰米森广场的跌水设计让人可以参与其中，尽享水景的乐趣（图2-67）；又如"花园都市塔楼"中的水墙，增加了墙面的粗糙度，使落水更加跳跃活泼，且在阳光的照射下更加炫目（图2-68）。

图2-65 戴安娜王妃纪念泉景观

图2-65

图2-66　瀑布的形式
图2-67　美国俄勒冈州波特兰市波特兰公园和杰米森广场的跌水设计
图2-68　"花园都市塔楼"水墙

图2-66

图2-67

图2-68

图2-69

图2-70

图2-69　单柱喷泉
图2-70　雾化喷泉

（3）喷泉

喷泉的形式多种多样，可以形成的视觉效果也不尽相同，有单柱的喷泉，适合用在静水池中央，与静水相呼应形成对比，如波茨坦广场中的索尼中心水池内的喷泉（图2-69）；有雾化喷泉，形成虚幻和闪亮的视觉效果，如哈佛大学中的喷雾式喷泉（图2-70）；还有造型多变、层次丰富的组合喷泉和由石壁、墙体喷流而出的壁泉（图2-71），以及各种各样的小品喷泉（图2-72）、旱地喷泉（图2-73）等。

2. 静水

静水的形式有湖泊、水池、荷塘等，静水能使人在情绪上得到宁静、安详的感受。水作为景观设计中的重要元素，具有刺激人的思维和聚焦人的注意力的作用（图2-74）。

图2-75中"悟所"的水景设计案例将水作为慰藉人们心灵的有效工具。宁静的圆形水面及水中的置石表现了禅意的美学观念，这一视觉场景将人们带

图2-71　壁泉

图2-71

图2-72

图2-72　小品喷泉
图2-73　旱地喷泉

图2-73

图2-74　静水的形式
图2-75　"悟所"水景

图2-74

图2-75

入了冥想的境界。

　　静水最大的作用可将景物的倒影反射出来，与景物交相辉映，形成美丽的风景（图2-76）。

　　建筑史上著名的泰姬·玛哈尔陵，即是借助静水的倒影将建筑完美的展现出来（图2-77）。在设计倒影时要注意实际景物与倒影所组成的图形是否在视觉上产生美的感受，图2-78中，若是将水面整圆形状的雕塑换成半圆状的雕塑会有更佳的视觉效果，原因在于半圆的实体与水中倒影的虚体构成了完整的圆，更符合人的审美习惯，而许多著名拱桥便是借助其倒影而更加引人注目（图2-79）。

图2-76　静水的倒影
图2-77　泰吉·玛哈尔陵
图2-78　整圆在水中的倒影
图2-79　半圆在水中的倒影

在静水中，一种常用的形式是浅水池的设计，在较为干旱少水的地区，能起到节省水源的作用，浅水具有其他类别水池所具有的几乎所有的特征与美学功能，并且也相对安全和时尚。例如荷兰Heemstede地下停车场顶部观赏池塘景观设计项目，宽阔的浅水池犹如一面巨大的镜子，为空间增添了许多灵气（图2-80）。另一个案例是西班牙人行街道设施，一个圆形大浅水池，铺装上人行道，引导人们从浅水中穿行通过，增加了景观的互动性（图2-81）。

在具体设计时，动水和静水还可结合于同一景观当中，创造出更多的变化和景观特质。另外，静水中还可结合植物和雕塑，创造幽静且富有意境的空间（图2-82）。

图2-80

图2-81

图2-82

图2-80 荷兰Heemstede地下停车场顶部观赏池塘景观设计

图2-81 西班牙人行街道设施

图2-82 动水与静水的结合和水景和植物的结合

2.4.2 水体的作用

水在景观设计中是可以起到提升空间环境价值作用的重要设计因素，其原因在于水不仅能够提供运输灌溉、有着迷人的风景价值，还能够调节局部小气候、控制噪音并且提供娱乐条件。

1. 调节气候

水能够调节空气和地面的湿度，同时影响环境的温度，水的蒸发可以带走地表的温度，降低环境的气温。并且，当水面气温低于陆地气温时，微风从凉爽的水面吹向陆地，也能起到降低气温的作用（图2-83）。

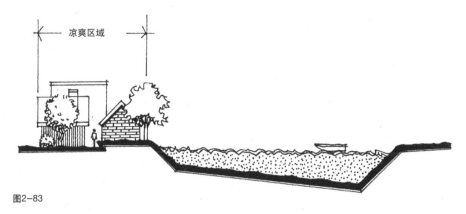

图2-83 水体能够给周边
环境带来凉爽

图2-83

2. 控制噪音

瀑布的流水声可以冲淡汽车、工厂和人群带来的噪音，创造相对宁静的
氛围。纽约格里纳克公园（Greenacre Park）中的跌水墙为处在闹市区的袖珍
公园提供了宁静、舒适的环境（图2-84）。

3. 休闲娱乐

水能够为人游泳、钓鱼、划船、溜冰这些活动提供场所，并且水景的设
计能够增强空间的活跃气氛。在游乐场所或公园中设计水景时要注意水景的
设置地点，若在公园入口设计戏水场所则会导致游客弄湿衣服、鞋子而无法
游玩之后的其他项目，因此，在游乐场所的入口需要设置水景时尽量设计为
观赏性质的水景而非可戏水的装置。

4. 风景价值

一处风景区通常因为有水而更加引人入胜，人们会为了某片湖海，不顾
路途遥远而到此旅游，也会为了更多的亲近水源而选择靠在岸边的住宅位置。

5. 供水、灌溉

水体的最根本作用在于提供灌溉，对水利用程度较强的地区应越靠近
水源。

图2-84 纽约格里纳克公
园中水景设计

图2-84

2.4.3　水景设计的要点

（1）确定所设计水景的功能，是可参与性嬉水类或是观赏性水景；

（2）水景设计须和地面排水相结合，注意做好防水层和防潮层的设计；

（3）在寒冷的北方，冬季水面会结冰，设计时应考虑结冰后的处理；

（4）注意使用水景照明，尤其是动态水景的照明；

（5）在设计水景时注意将管线和设施妥善安放，最好隐藏起来。

第3章　景观空间的美学要素

景观空间注重美的塑造和表达，通过不同的艺术语言和形态来展现。那么，这些要素包括形体、色彩、质感、材料和光影。通过形体来营造空间，运用色彩来丰富空间，运用质感来强调空间，运用材料来彰显空间，运用光影来点缀空间。每一元素都是构成景观环境的美学要素。

3.1　形体

造型是景观设计最直接、最形象的表达。形体包括点、线、面、体四个部分，这是景观形态最基本的语言，是形体造型的依据，是景观造景的基础。利用这些元素的特征变化和组合形式创造出基础的形体，展现景观中丰富多变的造型和形式美感。

3.1.1　点

点是最基础的造型元素，有着高度聚集的特性，往往是空间中的视觉焦点，能够表明和强调位置。点的形状、大小、位置、方向、颜色以及排列的形式都会影响整个空间的视觉表现，带来不同的心理感受。有序的点的构成以规律化、重复或者有序的渐变三种形为主，丰富而规则的点通过疏密的变化营造出层次细腻的空间感（图3-1）。自由的点以自由化、非规律化的排列组成，往往呈现出丰富的、活跃的、轻巧的视觉效果（图3-2）。

景观环境中的植物、雕塑、亭廊、小品、水景、山石等在不同的视觉范围内就是点的表现。点具有聚集焦点的特性，能够突出空间的主题。可以在景观轴线的节点、相交点、地形起伏点或者景观空间的中心位置上设置景观要素来形成视觉焦点，吸引视线。排列和组合在一起的点有着强烈的节奏和秩序，充分运用点的分散与密集、高低与起伏、运动与静止形成有规律、有节奏的造型，增加景观空间的节奏韵律感，如整齐的行道树、不规则的汀步等展现了不同的空间意境。另外，分散的点有着轻松、愉快、活泼的特性，能够营造出活跃的空间氛围，如石头、雕塑、喷泉和植物等多以散点形式出现（图3-3）。

3.1.2　线

线是点的运动轨迹，有着强烈的运动感。线分为两大类——直线和曲线，直线又包括水平线、垂直线、斜线、虚线、锯齿线和折线，曲线包括几何曲线、波浪线、螺旋线及自由曲线等。作为造型的基础语言，线具有很强的表现性，通过宽度、形状、色彩和肌理等因素，呈现出不同的心理感受。水平线有稳定、统一、平静的感觉，具有方向性。垂直线则有伸展、力量、庄重、坚固和挺拔向上的感觉。斜线给人随意、休闲、运动和奔放的感觉。几何曲线给人优美、柔和、潇洒、流动、自由和轻松的感觉，展现了规则和秩序美（图3-4）。

景观中的园路、长廊、围墙、栏杆、溪流、驳岸等都是线的表现形式。水平线在景观中有着很好的视觉冲击力，直线形道路、铺装、台阶、绿篱和水景都展现了水平线的美感（图3-5）。景观中的栏杆表现了垂直线的节奏感和律

图3-1　景观中有序的点
图3-2　景观中自由的点
图3-3　自由的点

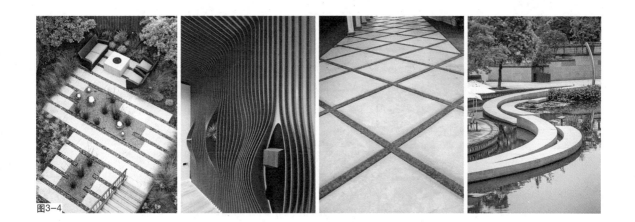

图3-4

动感，增加了景观的韵律美；纪念性碑塔的垂直造型展现出了庄重、挺拔的特点（图3-6）。斜线具有很强的生命力，如果运用不当则会有散漫和不安定的感觉，因此要结合景观要素进行设计搭配（图3-7）。曲线广泛应用在桥、廊、建筑、花坛、铺地和驳岸中（图3-8）。

图3-4　景观中的水平线、垂直线、斜线、几何曲线
图3-5　地面铺装的水平线
图3-6　栏杆和纪念塔碑的垂直线
图3-7　斜线
图3-8　广泛应用于景观中的曲线

图3-5　　　　图3-6　　　　　　　　　　图3-7

图3-8

3.1.3 面

面是由扩大的点或封闭的线围合形成的。面的视觉效果更强烈，它的配置、分割和其所在空间的不同会产生不同的视觉效果。面分为平面和曲面两种，平面有着很好的延展性、稳重性、严谨性和理性，给人平和、安稳和牢靠的特点（图3-9）。曲面突出了自由、随和、动感和自然的特性，给人热情、不安的感觉。面与面之间通过分离、相遇、覆叠、透叠、差叠、相融、减缺、重叠等不同组合形式呈现出别样的视觉形态和空间形式，如重叠的面会加强空间的层次感（图3-10）。

景观中的广场、草坪、绿植、水面和建筑等都是面的表现。平面的规则性常体现在大型广场、绿植和水面的规划设计中，整齐的驳岸和树林呈现了空间的规整、气魄和严谨（图3-11）。平面中的对称规则性会给人一种规则、秩序和严谨的感觉（图3-12）。曲面是自然的，广场的轮廓、水体的轮廓都是自然的形态，成就了空间柔和自然的视觉效果（图3-13）。

图3-9 稳重的平面
图3-10 动感的曲面
图3-11 草坪和水体中的平面
图3-12 景观中对称的平面
图3-13 广场和水体轮廓的曲面

图3-9
图3-10
图3-11
图3-12
图3-13

3.1.4　体

体有不同的形态，几何形体、有机形体和不规则形体。几何形体比较规则，如长方体、正方体、锥体等，给人简洁、明快、冷静和有序的感觉，多用于建筑、雕塑等的造型设计中。有机形体是多样性的，如鹅卵石的形体、树叶的形体等，有着发展和规律的特性，给人淳朴的视觉特征。不规则形体是自由的，由人为创造的自由构成体，可用于各种自由随性的空间中，有着很强视觉冲击力的独特造型和鲜明的个性特征（图3-14）。

体有着厚重的力度感和重量感，随着形体不同视角的变化营造不同的空间气氛，如严肃、厚重以及活泼、趣味等。体与点、线、面相互组合营造不同的空间形体，不同粗细的线与不同面积大小的面和体展现出轻巧活泼或浑厚稳重的空间感觉（图3-15）。

点、线、面、体等造型语言之间相互组合展现出丰富多彩的空间形式，表达了空间的个性和特征，增加了景观的艺术性。

3.2　色彩

色彩是构成景观环境形式美感的因素之一，是景观设计的重要手段。色彩是视觉审美的核心，造型艺术的重点，是视觉元素中最活跃和最具有冲击力的因素。运用丰富的色彩来创造气氛和渲染情感，有助于形成独特的景观环境。

图3-14　不同形式的体
图3-15　点、线、面、体营造的景观环境

图3-14

图3-15

色彩中所蕴含的能量能够加强景观设计的一体化，丰富设计的空间形态感知度，完善整个环境设施对人们的视觉和心理的感受，增强景观环境的表现力。恰当的景观色彩能够更加完善整体的造型、丰富的景观环境（图3-16）。

色彩是有表情的，能够唤起人们的情感，带动人们的情绪。不同的景观需不同的色彩来渲染和装饰。以沉稳的冷色系为主要色调的色彩主要适用于稳重、肃穆的景观设计，例如教堂、博物馆等建筑中（图3-17）；而对于明快、活跃、欢乐的氛围时，就应该运用对比色较强的色彩，加强人们的视觉冲击，例如娱乐场、主题公园的建筑中。运用色彩的表现营造出人们所需要的景观环境（图3-18）。

色彩是景观设计中表现其个性的因素之一。在景观的技法表现中，色彩的运用更能凸显景观设计中的特点，带给人们独树一帜的感觉。例如，在园林的

图3-16 绚丽的景观色彩
图3-17 水之教堂和苏州博物馆的沉稳色彩

图3-16

图3-17

图3-18 儿童游乐园的活泼色彩
图3-19 园林中的色彩

景观设计中，通过色彩与周边构成要素和植物的搭配，使园林的设计彰显特色（图3-19）。

　　色彩的搭配需要符合景观的主题，并与之相协调。它对人们的感观有着不可或缺的影响，对于人们不同的年龄阶段，色彩的搭配显得尤为重要。在人文景观设计中，色彩相对于人们的需要表现出不同的色彩设计感，以儿童为主题的景观设计中多以艳丽、明亮、温暖的色彩为主（图3-20）；老年人景观多以稳重、大方的较为单一的色调为主（图3-21）。

　　自然界中一些原有的色彩元素是景观环境的主要表现方式，也是整个景观色系的主要构成部分。如植物会随着季节的交替产生丰富的色彩变化，继而通过水面的反射营造丰富的视觉变化，装点了景观环境（图3-22）。在整体环境保持统一的前提下，对原有的景观色彩进行调整，会增加整体的设计感，使整

图3-20 儿童乐园的绚丽色彩

图3-21 老年活动中心的
单调色彩
图3-22 水中的倒影和岸
上的景色交相呼应

图3-21

图3-22

个景观环境与大自然相融合，与大自然亲密地接触，增进了人与生态景观环境
的亲密度。

　　景观设计中，色彩的对比能够增加空间的层次感，对色彩进行相互搭配，
或映衬、或对比，丰富景观环境。例如，地处亚寒带的加拿大多伦多市常年
低温寒冷，室外环境多为一片白色的冰雪世界，为了丰富户外的景观环境，
Diana 和Lily设计了一个雪锥型作品，像是一个立在雪地上的松果。晴天时，
色彩丰富的玻璃经过阳光的照射营造出五彩斑斓的光，为单调的环境增加了变
化。阴天雨雪时，构筑物的白色隔热板会收集和重新分配雪花（图3-23）。

3.3　材料和质感

　　材料所体现出来的质感和肌理是景观装饰中的重要因素。那么，人们对材
料在视觉和触觉上所产生的感觉就是质感。质感有触觉和视觉之分，软硬、光
涩和脆韧等是通过触觉得到的质感体验，视觉的质感有粗细、枯润、透明和浑
浊之分。我们可以从光滑的材质中感受到细腻、优雅的情调，从粗糙的材质中
感受粗狂、浑厚的情感。那么，材料与观看人的距离不同会产生不同的质感，
比如，近距离接触感受的是触觉质感，远距离观赏则是视觉触感。

　　多种多样的材料丰富了景观的语言和表现形式，常用材料有石、木、金
属、塑料、玻璃等。材料的质感和纹理是有着一定的审美效应的，每种材料

图3-23　绚丽的雪中小屋

图3-23

的质感和特性不同，给人的视觉、触觉感受以及所带来的审美情趣也不尽相同。在景观设计中要了解每一种材料的特点，才能创造出具有美感和艺术表现力的景观环境。石材的品种多样，质感坚固，色泽和纹理丰富，有着较强的耐腐蚀性（图3-24）；不过其触感较差，冬冷夏热，被用作座椅材料时应与其他材料结合使用。木材是最温和亲近人的材料，有着良好的触觉和视觉，天然的纹理和花纹装饰性极强，材质有韧性和弹性，便于加工（图3-25）；另外，还要做相应的防腐防虫处理。金属材料中常用到的是不锈钢和铁。不锈钢材质光感很强，能够反射周围的景色，丰富景观层次，增加景观空间的装饰性（图

图3-24

图3-24　石材

图3-25　木材
图3-26　不锈钢材质
图3-27　马德里Caixa Forum
文化中心使用的铸铁材质

3-26）；不锈钢有高强度的防腐性，现代感强，但加工复杂，适合简洁的造型。铁是一种资源相对丰富，延展性强的材料，易于造型，铁艺造型美观、复古典雅，多用于座椅和栏杆的设计中；另外，针对铁较容易锈蚀的特点，可以对此发挥一下艺术想象力，用锈迹斑斑的铁来丰富空间。赫尔佐格和德梅隆设计的马德里Caixa Forum文化中心，屋顶使用了生锈的铸铁，红褐色的铁锈与砖墙和而不同（图3-27）。塑料材质也有多种，如PVC材料、玻璃钢、橡胶有机帆布、尼龙等，都是人造合成物，加工方便，易于造型，最大的优点就是可以仿制多种材料的效果，但是塑料制品易老化、变形，尽量避免在温度较高的地方使用。玻璃钢是一种易于塑形的材质，可用于多种造型设计，且重量轻，如艾洛·阿尼奥用玻璃钢材质制作的多功能糖果椅（图3-28）。玻璃的硬度较好，有着较强的反射和折射特点，其晶莹剔透的特点给人一种轻盈明快、干净整洁的感觉，但是易碎，存在着一定的安全隐患（图3-29）。

　　材料有着不同的纹理、质感和色彩，带给人们的心理感受也是不尽相同的。从金属上可以感受到寒冷、光滑、坚硬的感觉，从石头上感受到坚固、厚重、强硬的感觉，木材给人温暖、细腻、朴实的感觉，布帛给人柔软、轻盈、温和的感觉。在进行景观设计时，应把不同特点的材料和设计理念结合起来表达不同的景观主题。古朴的砖、石、木、竹等天然材质可用于表达自然、具有人情味的景观空间设计中；时尚的玻璃、不锈钢、铝等可用于表现现代的、高科技感十足的景观小品设计；素面的钢筋混凝土和钢结构呈现的是一种粗犷和质朴的感觉，多用于建筑物的设计中；复古的铁艺多用于怀旧的景观园林中（图3-30）。

　　材质本身给人一种真实和丰富感，带给人们不同的视觉效果。在景观设计

图3-28　艾洛。阿尼奥的
玻璃钢材质糖果椅
图3-29　玻璃材质
图3-30　石材、不锈钢、混
凝土和铁在景观中的运用

中运用不同材质的色调和质感，进行搭配组合，提高对比度，凸显质感的特
色，营造独特的景观环境。质感有人工和自然的，由人为因素干扰而呈现出来
的感觉就是人工质感，如金属、玻璃、塑料。天然质感是指物体原本的自然特

图3-31 粗、中、细质型植物构成协调统一的景观环境

图3-31

性，如植物、石头、土壤。植物的质感不同影响景观的特性，粗质型植物强壮、坚固，细质型植物纤细、柔弱，中质型植物介于两者之间，起到调和作用，三种质感的植物相互搭配运用，达到景观风格的一致统一（图3-31）。天然材质与人工材质相结合更容易凸显质感的效果。例如，地面铺装可用的材料丰富，草坪、卵石、地砖、磨石等，有的质感粗糙淳朴，有的质感细腻柔滑。不同质感的几种材料之间相得益彰，营造出独特的铺地效果，丰富了视觉效果和空间层次，并赋予景观独特的趣味（图3-32）。不同的素材质感彰显了景观环境的美。

3.4 光影

光线是生命之源，作为大自然的自然形态，通过作用于固有形态所产生的光影，其功能与作用促进了世界的多彩变化。自然万物在光的作用下营造出优美的意境，让观者产生共鸣。"夜泛南溪月，光影冷涵空"、"半亩方塘一鉴开，天光云影共徘徊"，宋代诗人葛胜忠和朱熹在诗中表现了月光与日光对于环境的作用，体现了光营造的空间氛围对人心理的影响。影作为光的衍生，是景观设计中独特的表现形式，在景观空间的营造中有着重要的作用。合理利用光影变化对环境进行设计，有利于丰富空间层次感和增加意境（图3-33）。

光影对于景观色彩的塑造尤为重要。一天不同时间段的光影所呈现的效果也不尽相同（图3-34）。空间与时间的不同，自然光与影子的相互作用形成丰富的变化，使空间色彩形成对比，提升空间造型感。如春夏的阳光所固有的暖色调与深冬的萧瑟冷清形成鲜明的对比，呈现出不同季节色彩的美感，而影子的反衬使明暗的对比大大增加了空间的形态和色彩的对比感（图3-35）。

光影是影响空间动感和量感的重要因素，使原本平淡无奇的景观瞬间有了生命力，给人灵动、生机勃勃的感觉（图3-36）。光影的运用影响着空间体积和层次的伸展度，光影加强了空间的衔接，促进了空间的统一度，充分发挥了其对于空间的整体联系、分割、延伸与指向作用。由于人们有趋光的心理特点，在景观环境中运用光影做设计对人们的视觉指向感起到了重要的作用。通过改变光影的强弱程度营造富有层次感的空间环境，并且可以不同程度地作用于人们心理，给人带来不同的心理感受。光影的对比度较强时会强化空间的延

图3-32　不同质感的材料
之间相互组合

图3-32

伸度，相反，当光影较弱时，整体的空间对比较弱则缩小了空间的扩展程度。光影明暗度的对比促使整体空间的划分明显，使景观空间呈现出不同的氛围（图3-37）。

自然光影随着时间的变化是虚无缥缈、变幻莫测的，利用这一因素特点，可以塑造出有意境的空间环境。景观设计中的透过光形成的影子运用是相当广

图3-33 光影营造丰富的
空间效果
图3-34 一天不同时间段
的光影变化
图3-35 拙政园里的春夏
与秋冬的光影变化

图3-33

图3-34

图3-35

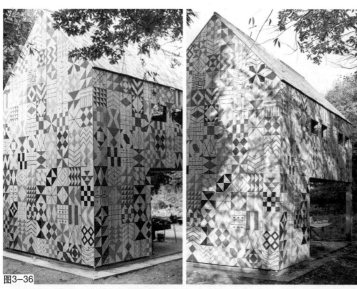
图3-36

图3-36　光影增加了景观的动感
图3-37　利用光影的强弱营造富有层次感的空间环境

图3-37

泛的，光影具有自身的色彩，在生活中的影子所呈现的颜色是黑色的，但是，通过水面反射出的物体的影子是与物体本身相呼应的。例如，安徽古村落宏村的景观设计充分利用了这一手法，运用光影随着时间的变化，通过异常清澈平静的像镜子一样的湖面，将周围建筑群和树木倒映在其中，实景与虚景相互辉映，虚实相生，营造出如诗如画的景观环境（图3-38）。

自然光影在现代景观设计中的应用更为广泛，光影在多维的景观形态下影响着空间的色彩变化、空间形态变化、氛围的渲染等。如光照射在廊架和栏杆上，形成有韵律和节奏感的影子，带给人们欢快、愉悦的心情（图3-39）。

图3-38 宏村南湖
图3-39 虚实的廊架营造黑白的光影画面，栏杆的光影犹如钢琴琴键

图3-38

图3-39

第4章　景观空间的构成要素

构成一个空间至少需要三大面：顶面、底面、垂直面。顶面是为了遮挡而设立，地面是承载空间的基础，垂直面用来围护、分割空间。室内空间中的三大面为天花板、墙体、地面。而景观空间中的顶面相对于室内空间的天花板的作用来讲并不突出，景观空间中可由廊架、亭子来形成遮盖，也可运用植物形成覆盖空间。景观空间中的垂直构筑物和地面通常是最为关键的，垂直构筑物包括栏杆、墙体等；而地面在室外环境中主要由铺装形式来展现。

另外，限定空间有多种方式，可以通过植物、地形构成空间，也可以借助景观小品营造空间。但在景观空间中，若仅用地形、植物等生态要素，以及建筑小品并不能完全表现景观设计所需要的全部功能和视觉要求。因此，在景观设计中还要知道如何使用其他有形的设计要素，例如园林基本构筑物和地面铺装，通过硬质的墙体、栅栏的围合可以创造空间，运用铺地可形成景观环境中的场，提供一种心理空间。这些园林构筑物相比植物、地形等要素能创造更稳定更具永久性的环境景观。因此，本章节将着重对景观空间的垂直构筑物以及地面铺装进行探讨。

4.1 垂直构筑物

构成空间的垂直要素包括植物、地形以及墙体、围栏、挡土墙、台阶等，在第2章分别讨论了地形和植物的造景功能，在此不加赘述。本小节主要分析空间的硬质垂直构筑物——围栏、挡土墙、台阶、扶手等。

4.1.1 围墙、栅栏

围墙、栅栏能够起到限入、防护、分界等多种作用，建造围墙的材料大多用石头、砖、水泥，栅栏大多采用铁、钢、木、铝合金、竹等材质。栅栏竖杆的间距应在110mm以内。

墙体与栅栏在景观中形成坚硬的垂立面，并且有着许多的作用和视觉功能：

1. 引导风向、利用光影

墙体和栅栏能够最大限度地削弱室外环境中由风和阳光所带来的影响。在室外空间中，当墙体位于空间或建筑物的西北面时，可以阻挡夏季午后低角度的太阳光（图4-1）。并且，墙体或栅栏可以通过正确的设计阻挡强风：厚实的墙体容易在背风面形成漩涡风，从而起到相反的效果，正确的设计应像植物障风那样，留有小空隙，使小部分气流通过，防风墙还可以设计成向上倾斜的疏风口，引导风向上空吹过，减少对地面的直吹力（图4-2）。

2. 透景漏景

景观中的围墙和栅栏可以采用透空或半透空的形式，使部分景物被遮挡，从而吸引观赏者走向未知的景观；并且能够形成虚实的对比，减轻墙体的厚重感。这种手法在中国古典园林中较为常用（图4-3）。

3. 视线屏障

围墙和栅栏可以起到一定的阻挡视线的作用。高于人的视线的墙体起到完

图4-1 遮挡午后阳光
图4-2 疏导风向
图4-3 透景漏景

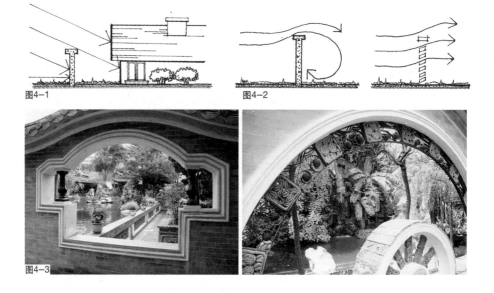

图4-1   图4-2

图4-3

 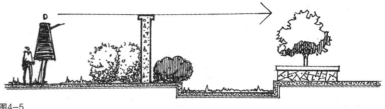

图4-4　　　　　图4-5

全遮挡景物的作用，常用在停车场周围和道路两侧，以及工业设施周边（图
4-4）；而低于人视线的矮墙或栅栏在人们坐卧时，也能提供一定的私密性。
但除特殊要求外，墙体或栅栏的高度不能与视线相齐平，否则，容易使人产生
似见非见的干扰感（图4-5）。

在小区、公园大门的入口处，为防止景色展露无遗地显现在人们的眼
前，应设置一面景墙，并配置植物或景观小品作为主景。作用相当于中国古
建筑中的屏风或是影壁，隔绝外部空间，为空间内部提供一定的私密性（图
4-6）。

4. 围合空间

墙体的遮挡庇护，能够形成具有私密性的景观空间，围合的空间性格与墙
体的材质、色彩、质感有关（图4-7）。

5. 形成背景

墙体可成为景观中的中性背景，烘托陪衬主景。墙体在作为背景时其本身
不应过于引人注目，否则会破坏空间主从关系。在中国古典园林中常用墙体作
为植物或景观小品的背景，墙体犹如一张画纸，任由景物的摆置以及其光影的
挥洒，例如拙政园中的海棠春坞，白色的墙面为景物提供了背景（图4-8）。

图4-4　遮蔽不悦景物
图4-5　墙体与视线齐平造
成对景物的干扰

图4-6　影壁
图4-7　运用栅栏围合形成
私密空间
图4-8　墙体充当背景

图4-6　　　　　图4-7

图4-8

6. 休闲娱乐

特定场合的围墙可用来作为攀爬娱乐的项目，也可成为涂鸦的场地，亦为其他娱乐提供可能，设计师要充分合理地利用景观的构筑物，为市民创造更多样化的生活环境和休闲娱乐场所（图4-9）。

4.1.2 挡土墙

建筑用地的实际情况影响挡土墙的形式的结构设计确定。按结构形式分类主要有重力式、半重力式、悬臂式和扶臂式挡土墙，按形态分类有直墙式和坡面式。在景观中还有一种常用的挡土墙形式——石笼网，通常用在岸坡稳沙固土。

挡土墙高度最好小于122cm，必须设置截水沟和排水孔。钢筋混凝土挡土墙必须设伸缩缝，配筋墙体每30m设一道，无筋墙体每10m设一道（图4-10）。

在较低地面与较高地面之间充当泥土的阻挡物，防止土层的塌落是挡土墙的重要功能。挡土墙可以形成视觉趣味，例如，在空间内形成曲折或环绕的形状，可创造一定的停留空间（图4-11）。挡土墙在一定情况下能够成为休息的座椅，其高度应在40~50cm，宽度为30cm（图4-12）。

挡土墙的可用材料有砖石、木材等自然材料（图4-13），也有混凝土、水泥等人工材料（图4-14），以及耐候钢板材料的运用（图4-15），不同材质的运用所形成的景观效果也不尽相同。

图4-9　提供娱乐场所
图4-10　挡土墙剖面细节图
图4-11　挡土墙曲折的造型图
图4-12　挡土墙与座椅的结合

图4-9

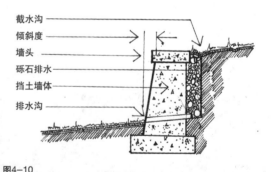
图4-10

截水沟
倾斜度
墙头
砾石排水
挡土墙体
排水沟

图4-11

图4-12

图4-13

图4-14

图4-15

4.1.3　台阶

在室外环境中处理两地的高差时，可以用坡地来连接，也可以用台阶完成高度的变化，但在台阶上行走会相对于斜坡更有稳定性，并且当两个平台间高度一定时，台阶需要的水平距离要小于坡道需要的水平距离。在景观设计中，设计台阶时应在需要的场地同时设置无障碍通道。例如，温哥华罗布森广场的台阶，不仅在局促的空间内加入了坡道，提供了无障碍通道，同时，为景观增添了趣味性（图4-16）。另外，在设计台阶时，台阶两侧最好有绿植围护，或有栏杆，以免行人不慎跌落（图4-17）。

台阶除了提供通行的作用外，还可作为非正式的休息处，也可成为露天看台。在景观设计中将坡地处理成草地和台阶相结合的类型较为多见，此类台阶

图4-13　自然材质的挡土墙
图4-14　人工材料的挡土墙
图4-15　耐候钢板材质挡土墙

图4-16　温哥华罗布森广场的台阶设计

图4-16

不仅能够尊重地形，减少挖方和填方，还能起到护坡的作用，并且加强了景观的参与互动性，为人们休闲赏景提供了场所（图4-18）。

台阶的造型多种多样，台阶与跌水的结合在景观中较为常用（图4-19）。一个优秀的台阶设计往往会为人们提供一个合理舒适的行走或休息环境，以及形成一定的节奏和韵律装点空间（图4-20）。

1. 案例分析

设计案例是一处历史古堡的台阶通道，运用一定的数学算法，将台阶逐渐扩宽、升高，以此来烘托出浓厚的气氛，使拜访者产生敬畏、崇拜的心理感受（图4-21）。

图4-17　台阶两侧需要有植物或围栏防护
图4-18　台阶可成为非正式的休息处
图4-19　水景与台阶的结合
图4-20　台阶的造型
图4-21

图4-19

图4-20

图4-21

2. 室外台阶具体设计的要点

（1）室外空间相对于室内空间其尺寸比例较大，容易使物体看起来较小，因此在设计台阶时，其尺寸应大于一般室内的台阶，同时室外的台阶也应宽阔和平缓，并且应考虑雨雪等气候因素条件下的防滑措施；

（2）在设计台阶时，踏面和升面的比例关系应该遵从一定的原则，升面尺寸乘以2与踏面尺寸之和等于66cm（2R+T=66cm），例如，升面高度为13cm，那么踏面的尺寸就应为40cm。而升面的最佳尺寸在10～16.5cm，过小则不易被察觉，过高则不适宜老年人和儿童的行走（图4-22、图4-23）；

（3）一组台阶的每个升面数值应相等，踏面的尺寸也应相等，不应在一组台阶中做变化，否则会引起行走的不便。并且一组台阶绝不能只有一个升面，因为不易被察觉，从而将人绊倒，一组台阶一般至少有2～3个升面；

（4）升面的底部通常有阴影线，为引起行人的注意，但阴影线不易设置太深，否则容易卡住行人的脚（图4-24）；

（5）一组台阶的升面高度之和最好不大于150cm，凡超过这一尺寸的台阶容易使人在行走过程中产生疲惫，因此，在较高的一组台阶中应设置休息平台（图4-25）。

4.1.4 栏杆、扶手

栏杆具有围护、阻拦的作用，在不同场合设计中不仅要考虑栏杆的强度、耐久性和稳定性，而且也要考虑栏杆的造型美，其使用功能和装饰作用在设计中都应有所体现。栏杆的材质要根据不同空间的特质进行选择，常用的材料有铸铁、铝合金、不锈钢、木材、竹子、混凝土等（图4-26）。

栏杆的造型或倾斜或弯曲，色彩可鲜艳可深沉（图4-27）。

不同高度类型的栏杆，具有不同的围护效果，分别从以下三种类型进行讨论：

图4-22 台阶详图—透视图

图4-23 台阶详图—剖面图

图4-24 台阶详图—阴影线设计

图4-25 台阶详图—休息平台设计

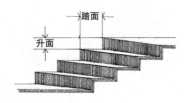

图4-22

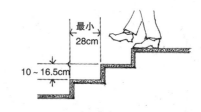

图4-23

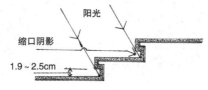

图4-24

图4-25

图4-26

图4-27

（1）矮栏杆，高度在30～40cm间，视线不被遮挡，人可以轻易跨过。矮栏杆的作用多被用于场地空间领域的划分和绿地边缘。

（2）高栏杆，高度90cm左右，使人们不方便轻易跨越，因此能够起到分割和阻挡以及对视线半遮挡的作用，是多被小区和公园采用的一种栏杆类型。

（3）防护栏杆，高度通常大于100cm，其高度超过人的重心，能够起到防护围挡的作用。高台等危险不能靠近的边缘多设置防护栏杆，增强人的安全感。扶手，高度在90cm左右，通常坡道、台阶两侧要设置，在室外踏步级数超过3级的地方需要设置扶手，为了方便老人和残障人群的使用，坡道、走道、楼梯的扶手高度应设置0.65m与0.8m两道。

为了上下台阶前后依然有能够扶握的距离，扶手应该在台阶的始端和终端各自水平方向延伸出45cm左右。在一些特殊场合，栏杆的造型可做适当的变化（图4-28），比如在河边，人们有亲近水的本能，图中的栏杆能够使人更多

图4-26　各种材质的栏杆设计
图4-27　不同造型的栏杆设计

地与水面有接触；而在人们不愿接近的悬崖峭壁等地方的栏杆，在设计时要考虑人的心理，图中向内卷曲的栏杆扶手给人以被保护的心理感受。

4.1.5　路缘石

路缘石在景观中充当边界的作用，相当于组成空间的边线。其中确保行人安全、进行交通引导、保护水土和保护植物是路缘石的作用，还能够起到对路面不同铺装材质的区分作用。路缘石的设置应考虑路面的排水系统。混凝土、砖、石料和合成树脂等材料多用于作为路缘石的材质，其高度设置在10~15cm最为适宜（图4-29）。

4.2　地面铺装

人在行走过程中，视线通常集中在中间靠下的位置，也就是说人们的视线较多停留在前行的地面上，且地面是人与空间环境的直接接触物，承载着整个空间环境和人的各种活动。因此，地面铺装的重要性不容忽视，铺地不仅有着各种各样的作用，有着各种各样的形式，也有着许多可用的材料，能够创造丰富的景观体验。

4.2.1　铺地的功能

1．限定空间

地面铺装材料在空间中的变化，能暗示空间不同的性质和用途，在一个场

图4-28　栏杆的倾斜或卷曲形成不同感受的围护效果
图4-29　路缘石设计

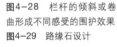

地中，其功能分区若发生改变也应改变对应的铺装材料，以引起人的注意。当场地中没有任何突起的标志物或垂直的物体时，不能形成空间，但通过运用地面铺装的改变可以创造一个人的心理场。当人们经过空旷的场地时，若仅在地面上框出一个圆的图形，则成为视线的焦点，引来人们的聚集（图4-30）。而在城市环境中，广场多为平坦地形，因此，地面铺装的造型和形式应多加注意。

当建筑物或景观小品等矗立在地面上时，应当运用地面铺装的改变来迎合、衬托景物。一个雕塑若毫无基底地放在地面上会给人以临时性、与环境不相融合的感受，如图4-31中的景观雕塑，因缺乏地面衬托而显得十分孤立。而优秀的景观案例中铺地的形式要跟随地面景物的放置产生变化和衬托，如图4-32给人以景观的连续性和整体感。

图4-33是加拿大魁北克的操场设计，用形式各异的线条以及不同的铺装颜色区分活动场地，并且与标示指示系统相结合，为小学校园环境增添色彩。

2. 统一视觉

当空间内存在多个相对独立的元素时，除了运用植物和墙体的联系使之形成连续的视觉景观外，还能运用铺地的形式使各个元素间形成联系。具有独特和明显形状的铺地，能够使人容易识别和记忆，其可称得上是最好的统一者，例如丹麦哥本哈根超级线性广场，地面的线性将分散的个体串联起来，并形成一定的韵律和美感（图4-34）。

3. 导向作用

当地面铺装形式为一条带状或带有方向性的线条时，它能够提供明确的指引性和方向性，人们视线会不自觉地跟随地面导线而向前移动，从而达到预定

图4-30　形成"场"的概念
图4-31　雕塑较为孤立，缺少"场"的设计
图4-32　铺地与景观的结合

图4-31

图4-32

图4-33 加拿大魁北克的
操场设计
图4-34 丹麦哥本哈根超
级线性广场
图4-35 "红地毯"
图4-36 铺地的导向作用

的场景中。例如，法国的"红地毯"设计，此案例是为纪念"艺术与自然之
路"十周年而建的，有一位艺术家会走过这条路。景观象征"红地毯"，体现
了对艺术家的敬意。"红地毯"贯穿于整个村庄，吸引人们一直走进村落去探
索未知的景物（图4-35）。

在城市广场或街道设计中，地面的线性也能起到一定的暗示路线的作用，
例如波茨坦广场索尼中心的地面铺装设计，用线性的地灯引导人从一个方向通
向建筑的入口（图4-36）。

4. 影响行走速度

　　铺地的材质和形式不同，可以影响人的行走速度。从材质上来讲，当地面为光滑的材料铺装而成时，人们行走十分轻便，速度也相应较快；当地面铺装为鹅卵石或高低不平整的地砖时，人们行走速度会相应放慢；当人们在沙滩或水中行走时，由于阻力的原因，速度是最慢的。从铺装的形状来看，路面的铺装越窄，人们的行走速度越快；当路面铺装较宽时，行人有机会停下来休息，而不会妨碍其他人的通行，因此，为缓慢的行走创造机会。再者，人们行走的节奏受地面铺装材料间的距离、接缝距离、材料的差异等影响。

5. 暗示空间大小和宽窄

　　空间环境中，每一块铺装材料的形状、大小都能影响空间的尺度感，块面较大的铺装材料会使空间产生宽敞的尺度感，块面较小的铺装材料使空间具有亲密感和压缩感（图4-37）。在透视中，为强调路面和空间的宽度可以选择横向的平行于视平线的铺装形式；而纵向的垂直于视平线的铺装形式则延伸了视线的深度（图4-38）。

6. 疏导排水

　　在设计铺地的同时，应考虑导排水（图4-39）。

7. 美学效应

　　地面独特的铺装的造型，能够提供一定的观赏性，甚至在有些设计中，铺地的材料和造型仅为了欣赏。中国古典园林中，常用颜色造型各异的碎石、鹅卵石拼接形成有一定意义的图案，或象征吉祥或呼应景观等。在儿童活动场地中，铺地的形式和趣味性直接影响空间的使用率和儿童的游憩玩耍。除此之

图4-37　铺装材料大小对空间尺度的影响

图4-38　铺装线条对空间进深和宽度的影响

图4-39　运用铺装缝渗水

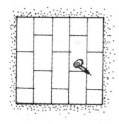 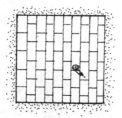  

图4-37　　　　　　　　　　　　　　图4-38

图4-39

外，特别的铺地能够形成强烈的地方色彩。并且，当场地附近有高层建筑时，通过运用铺地，还可创造吸引人的高视角景观（图4-40）。

8. 创造趣味性

通过对地面铺装的颜色、质感、造型的设计，可以形成趣味十足的互动空间，例如俄罗斯Nikola-Lenivets公园里的超级大蹦床，总长167ft（约51m），铺设在下凹的沥青路面之上（图4-41）。远看和普通地面材质并无差异的蹦床，却能够使人们在其中感受到其乐无穷，让人们得到与众不同的体验和感知方式。

9. 其他功能

地面铺装的作用不胜枚举，其中纪念功能就是其中一个，下面就是其中一个典型的案例，纪念列侬的著名场所纽约曼哈顿中央公园的"草莓地（Strawberry Fields）"，有着一个跳动形式的马赛克圆形图案，中间镶嵌着"IMA GINE"（想象）的字样（图4-42）。"草莓地"既是列侬童年在利物浦生活过的地方，也是他著名的《永远的草莓地》的歌名。且列侬遇害的地点在中央公园的不远处，"草莓地"不仅纪念了列侬的死，也承载了列侬的一生。

图4-40 铺地的美学功能
图4-41 俄罗斯Nikola-Lenivets公园里的超级大蹦床
图4-42 纪念列侬的"草莓地"

图4-40

图4-41

图4-42

4.2.2　铺装材料

铺装材料的划分形式多种多样，大体上可分为软性铺装和硬性铺装，软性铺装主要指草坪、地被等植物材料；硬性铺装讲的是一般意义上的铺装，包括石料、砖块、木板、水泥、沥青等。根据铺装材料的质地又可分为松软铺装材料、块状铺料、粘性铺料。松软铺装材料包含草皮、塑胶、砾石；块状铺料主要是各种造型的石块、砖块以及木材等；粘性铺料包括沥青、混凝土之类可塑性较强的材料。按材质的自然属性分类，可分为天然材料和人工合成材料，草皮、沙土、木材以及天然石材等属于天然材料，混凝土、水泥、沥青、砖、橡胶等属于人工合成材料。下面就几种在景观铺装中常用的材料做详细的说明。

1. 石材

石材的形状多样，色彩丰富、纹理多变，且具有耐久性较强的特点，但石材价格相对昂贵，在铺装的过程中也比较费劳力。石材按照形状分为条石、石板、鹅卵石、扁卵石以及天然散石，按材质分为沉积岩石、变质岩以及火山岩（图4-43）。

2. 木材

木材是一种天然的材料，在一些自然景观中较为常用，如海边栈道、景区小路等。木材的铺路与环境更加的融合，透水性强，也使行走更加舒适，但木材在作为地面铺装的时候需要做防腐处理，成本也比较高（图4-44）

3. 砖块

砖块为人工材料，颜色丰富，具有良好的防滑性，易于铺设，灵活性高，但在铺设时容易造成路面不够平整，且容易风化，耐久性不强（图4-45）。

4. 砾石

砾石的透水性较强，质地松软，观赏性强，质感自然，但不易清扫，可能会有杂草丛生。砾石比较松散，在铺装过程中需要加边条，为保证其稳固性（图4-46）。

5. 混凝土

混凝土是极易铺筑的材料，施工简单，耐久性强，维护成本低，通常用于

图4-43　石材铺装

图4-43

图4-44　木材铺装
图4-45　砖块铺装
图4-46　砾石铺装

路面的铺设。在运用混凝土浇筑地面时，需要有接缝。混凝土的张力强度相对较低且易碎（图4-47）。

6. 沥青

由于沥青的热辐射较低，且光面反射弱，不易造成刺眼的反射光线，因此是车行路面常用的铺装材料，其维护成本较低，耐久，可塑性较强。但是沥青也有不可避免的缺陷，如遇到高热容易变软，遇到汽油、煤油、和其他石油溶剂可以融化等（图4-48）。

7. 塑胶

具有良好的弹性、走路舒适、排水良好，在一些儿童游乐场地为保障安全性，需要较多使用。但塑胶的成本高、易受损、难清理等缺点也造成了它不能广泛铺设的原因（图4-49）。

图4-47　图案与造型相结合的混凝土铺装

图4-48　沥青铺装

图4-49　色彩丰富的塑胶铺装

图4-47

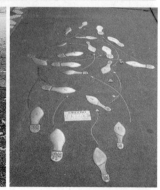

图4-48

图4-49

在景观设计中，通常运用多种材质以及不同图案及拼接方式的组合来创造出丰富的空间环境（图4-50）。

4.2.3 铺地设计原则

（1）图案和纹路应有一定形式规则（图4-51）；

（2）铺装材料应有一种主导材料，避免多种材质均衡的出现，否则将导致主次不分明、缺少景观特质的弊端（图4-52）。在场地中，光滑的材料应占多数，再配合粗质材料。

设计应注意地面铺装材质的色彩搭配，通常将同色系的深浅两种颜色做搭配和组合。特定的场合要有特定的色彩（图4-53）。

图4-50 不同材质铺装组合
图4-51 铺地的图案和造型
图4-52 铺装材料要有主次

图4-50

图4-51

图4-52

图4-53

在儿童活动区，铺地的色彩应选择明亮、柔和的彩色进行搭配（图4-54）；而凝思、会晤的场所要配合以表达宁静、深沉、素雅的颜色（图4-55）。

（3）在平面内，同一功能空间的铺地尽量减少改变铺装材料，若需要材质的转换和拼接，则要注意，相接的两种不同材质需要有第三种材质连接（图4-56）。另外，当地面的高度产生变化时，需要将不同水平高度的铺地做一定的区分，或改变连接处的铺地形式，以引起人的注意（图4-57）。

（4）一种材质的不同组合或两种材质的铺装材料的铺装缝最好对齐，这是对景观设计师的基本要求，也是景观设计细节的体现（图4-58）。

（5）可运用软性材料与硬性材料相结合的手法创造有韵律的铺地形式，在铺装时可为植物留有一定的生长空间，停车场的铺装选择运用草坪砖的形式（图4-59）。

铺地应结合景观小品的形式以及造型，来创造真正人性化的场所。在室外环境中，井盖的设计是不容忽视的，将井盖的造型和形式与铺地达到一致会加强空间的整体性（图4-60）。地面的铺装形式稍作调整，就可以成为很有趣的座椅（图4-61）。

美国总务管理局的旧金山历史市政中心广场中的"缎带"，也就是艺术学院庭院里面融入"节奏性"的植物以及座椅，以及被扭曲和抬高的路面上的混凝土条状装置（图4-62）。日本东京的一处休息区，将地面铺装和座椅结合的非常巧妙（图4-63）。

图4-53　颜色深浅搭配的铺装方式

图4-54　色彩艳丽的趣味性儿童活动场地
图4-55　淡雅深沉的铺装色彩

图4-54　　　　　　图4-55

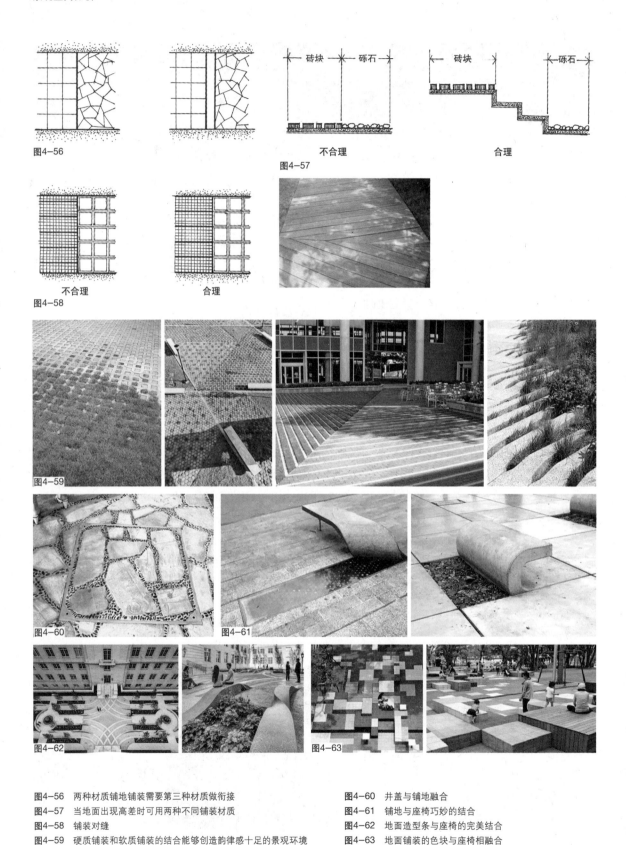

图4-56　两种材质铺地铺装需要第三种材质做衔接

图4-57　当地面出现高差时可用两种不同铺装材质

图4-58　铺装对缝

图4-59　硬质铺装和软质铺装的结合能够创造韵律感十足的景观环境

图4-60　井盖与铺地融合

图4-61　铺地与座椅巧妙的结合

图4-62　地面造型条与座椅的完美结合

图4-63　地面铺装的色块与座椅相融合

第5章　景观的功能要素

一个完整的景观空间环境，除了生态要素、美学要素和构成要素外，还须具备承担实用与观赏为一体的景观设施。例如，可供人们坐卧小憩的座椅；提供照明和烘托景观气氛的园灯；夏季遮阴纳凉、冬季避风遮雨的亭子；能够划分空间和起到引导交通流向作用的廊架；具有主题文化表达和视觉美化功能的雕塑；为人们解决户外用水需求的用水器；提供信息的标识牌以及起到挡土保护树木的树池。对景观功能要素进行合理的设计会给整个景观环境起到画龙点睛的作用，使得整个空间环境更具人性化的同时，也增加了视觉上的美感。

5.1　座椅

座椅是室外空间必不可少的设施之一，无论是广场、小区、公园、景区等都少不了它们的身影。座椅除了本身提供给人们坐卧的功能外，也可装饰美化景观环境，其造型、尺度、色彩、材质等都需要结合景观环境进行设计，力求简洁实用，与景观环境恰如其分地融合到一起（图5-1）。

座椅的设置除了能够增加景观空间的功能性外，其美感和舒适度还直接影响着人们的心情愉悦度，影响人们户外活动能否顺利进行，对景观环境的利用效率也有着重要的影响。

5.1.1 座椅的功能

座椅的功能性主要体现在它的使用功能上，其本质是满足人们"坐"的需求，且根据不同场景、不同目的来实现这一功能。

1. 休息

不论是在小区里，还是广场、公园、商业街、景区里面，我们都会看到设置的供人休息所用的座椅（图5-2）。小区里，安置的座椅便于户外活动的居民坐下歇息片刻。繁华的商业街里，在路边，亦或是商店外面设置一个座椅可供人们歇脚是极为受欢迎的。广场上，跳累了广场舞的人们找个座椅坐下休息一会并观看同伴们的舞姿。景区里，随处安置的座椅为游客提供短暂休息之处。休息是座椅所提供的最基本的功能。

2. 等候

等候是现代快节奏生活中最不愿意花费时间成本去做的事情，但是平日生活中又不可避免，于是，座椅在等候的时间段里扮演着重要的角色。例如，在公交车站点、商业街等处设置的座椅为等车的乘客提供了方便（图5-3）。同样，公园中设置的座椅为约会中等待的同伴提供了方便，一个座椅就能够消化等待的时间，打发消磨等待的无聊，是极为受人们欢迎的。

图5-1 座椅应与环境相融合
图5-2 供人休息的座椅

图5-1

图5-2

图5-3　公交车站点和商业街座椅

3. 交谈

在户外空间中，如果设置了座椅，我们总能看到三五成群聚在一起谈天说地，座椅俨然为人们的交流提供了便利。那么，生活中有很多的座椅都是直线型的，不方便人们的交谈，并且能够面对面的交流更是对双方的礼貌之举，所以座椅的设计和摆放位置要充分考虑到这一因素，在空间环境允许的境况下可以安置面对面、90°角、U形或不规则形的座椅，以方便人们的交谈需求（图5-4）。同时，有些特殊场合还有交谈隐私的需求，需要对座椅空间进行一个封闭或半封闭的围合。

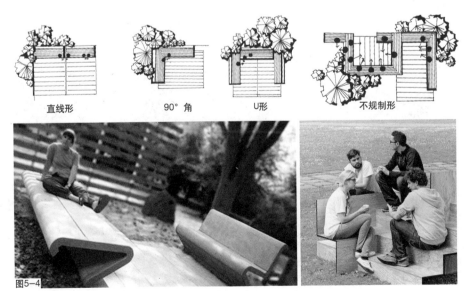

图5-4　便于交谈的座椅形式

图5-5 便于观赏风景的座椅

图5-5

4. 观赏

有的人喜欢坐在街旁的座椅上看行人匆匆，看车水马龙，从中收获乐趣。有的人喜欢坐着静静欣赏面前的美妙景色，陶醉其中。因此，座椅的设置应安置在主要的活动场所或者景观环境旁边，便于人们观赏。例如，道路旁边、广场边缘等都是便于观赏风景或人群的好位置（图5-5）。

5. 看书

户外座椅也是看书的好去处，呼吸着室外的空气有利于放松疲惫的大脑，提高看书的效率。校园和教育机构里安置的座椅受到了很多好学者的青睐，例如加州大学图书馆人行道旁设置了一排座椅，同学们纷纷在此看书休闲，同时，为校园创造了一道亮丽的风景线（图5-6）。另外，为了便于看书，这一类的座椅设计可以设计有桌子，便于书本的摆放，提高学习效率（图5-7）。

6. 休闲美观

人们的休息状态分为三种，一类是短暂的站立式休息，针对这种休息方式，可以在人们站立时提供后背所依靠的装置；第二种是正常状态下的坐姿休息；第三种是卧式休息状态（图5-8）。

图5-6 加州大学图书馆人行道的座椅

图5-6

　　休息座椅作为景观中的一个设施，加强了人们与环境的互动性，景观空间中安置的草皮质感的座椅供人们娱乐休闲，摆脱了日常的坐姿，仰卧在上面，更加亲近自然（图5-9）。另外，有些座椅打破常规的形态，其富有创造力的独特造型增加了景观空间的美感，具有很强的视觉冲击力，作为休闲娱乐的座椅还可利用吊床或秋千的形式来装点空间（图5-10）。

图5-7　与桌子相结合的座椅
图5-8　站姿休息、坐姿休息和卧式休息
图5-9　草皮质感的座椅

图5-10

图5-10 富有创造力的座椅和吊床

5.1.2　座椅的尺寸

座椅尺寸的设计合理与否直接影响坐者的休息和心情愉悦度。所以，座椅的尺寸要符合人体工程学。通常座椅的坐面高度为38～40cm，宽40～45cm；座椅的长度要根据能够容得下人的数量决定，单人长度60cm为基准，依次递加，如单人座椅长60cm左右，双人座椅长120cm。有靠背的情况下，靠背高于座面38cm。椅背的倾斜度为100～110°是合适的，角度越大座椅越休闲。如果座椅设置了扶手，则扶手的高度为20～25cm为宜。

5.1.3　座椅的造型

1. 装饰性座椅

座椅本身就是一件艺术品，它的造型是景观环境的装饰重点之一，好的座椅造型能够凸显景观环境的特色，是景观环境的一大亮点。如图中的"郁金香"座椅，在需要时可以打开形成座椅，不需要时则可成为景观雕塑为城市增添色彩（图5-11）。座椅的造型要讲究和周围环境的融合（图5-12），如果座椅在整个空间环境里太突兀，则会成为整个空间塑造的败笔。

2. 趣味性座椅

景观空间的功能不同，座椅的造型也是不尽相同的。座椅造型有常规的靠背椅，多用于公园环境里，提供休闲体验之用。街头的趣味性的座椅吸引了人们视线（图5-13）。主题公园里，尤其是供儿童游玩的空间里，动物仿生座椅和造型独特的座椅会给整个空间带来动感，吸引人们去体验（图5-14）。

图5-11　郁金香座椅

图5-11

图5-12

图5-12　与环境相协调的
座椅
图5-13　街头趣味性座椅
图5-14　供儿童娱乐的趣
味座椅

图5-13

图5-14

3. 实用性座椅

座椅最实用的功能是坐，那么就应满足人最舒服地坐于其上，在设计座椅时应注意座椅的下面应该有足够放置腿和脚的空间，所以座椅的腿或者座椅前面的起支撑作用的垂直面应呈倾斜状态，下面窄上面宽。下方边缘至少要凹进去7.5～15cm，脚的放置会处于一个非常舒服的状态（图5-15）。另外，可容纳多人的流畅线条的座椅多位于广场人流量密集的空间（图5-16）。

4. 多功能座椅

座椅能与景观空间中多种景观小品结合，如树池、雕塑、灯具、挡土墙、栏杆、台阶、铺地，甚至是自行车架。这类座椅的巧妙之处在于提供较多的可休息场所，且能充分利用空间和材料（图5-17）。

图5-15 上宽下窄的座椅
图5-16 可容纳多人的线
条型座椅
图5-17 多功能座椅

图5-15

图5-16

树池座椅

雕塑座椅

灯光座椅

灯光座椅

挡土墙座椅

挡土墙座椅

栏杆座椅

台阶座椅

铺地座椅

自行车架座椅

自行车架座椅

自行车架座椅

图5-17

5.1.4　座椅的材料

材料是创造座椅独特造型的基础，是座椅最具视觉效果的表现。座椅材料是丰富多样的，常见的多为木材、石材、混凝土、金属、塑料、布艺、陶瓷以及采用草皮的质感座椅等。每一种材料的选用都应该呼应景观环境的设计主旨，来强调和装饰景观环境。

1. 木材

木材色泽温和，触感较好，是景观环境中优先选用的座椅材料。在户外，尤其是在寒冷的冬季，温暖的色调带给人视觉上和心理上的温暖，相较于石料少了一份冰凉。那么，在景观设计中选用木材制作座椅的另一个原因就是木料比较容易弯曲成型，且坚实牢固，这也是中国古代建筑选用木材作为建筑材料的原因之一（图5-18）。另外，木材需做防水、防腐处理，座椅转角处应做磨边和倒角处理，以防碰伤。

2. 石材、混凝土

石材和混凝土也是景观座椅非常有睐的一种材料，优势就是结实、耐用、不怕风吹日晒，不用做防腐处理，且材料易得。有些石材的天然肌理正好成为了座椅的装饰。不过，在夏季暴晒过后会烫人，冬季又容易冰凉，所以坐面材料可结合木材设计（图5-19）。再者，由于石材、混凝土不透水，下雨过后不容易排水，所以要对座椅作排水处理设计，例如，在座椅表面设置凹槽，引导雨水的排除（图5-20）。

图5-18　木制座椅
图5-19　木质坐面材料的座椅
图5-20　凹槽便于排水

图5-18

图5-19

图5-20

图5-21 钢铁材料座椅

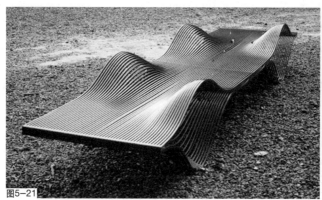

图5-21

3. 金属

钢铁材料也早应用于座椅的设计中，这得益于钢和铁的韧性强，易于弯曲造型的可塑性（图5-21）。尤其是铁艺的椅子造型华丽多变，线条流畅，且材料坚固。不过，钢铁座椅不易在多雨地区使用，易生锈，需做防锈处理。同时，铁艺座椅的漆易脱落，会影响景观环境的美感。

4. 塑料、布艺

塑料也是可塑性极强的材料，通过注塑的方法可以达到各种天然木材、石材无法达到的造型，且不用做防腐处理（图5-22）。不过，塑料椅子与石材椅子一样透气性差，不适合长时间使用。布艺具有柔软、透气的特性，易于加工和处理，便于造型（图5-23）。布艺座椅的趣味性很强，但是不防水，不适合安放于多雨的环境里。

5. 陶瓷

陶瓷座椅很能凸显景观环境的主题，所以，对其的运用要得当。通常多安置于古色古香的中国经典园林里。不过，陶瓷易碎，且不透气不透水，可在座椅的表面做镂空的花纹便于排水（图5-24）。

图5-22 环保PE塑料座椅
图5-23 布艺座椅
图5-24 陶瓷座椅

图5-22

图5-23

图5-24

5.1.5　座椅的色彩

色彩依附于材质，材质呈现色彩。大体上，色彩有两类，一类是材料原色，如木材、钢材、石材。木材颜色多样，有棕色、褐色、绛红等温暖色。钢材和石材多为冷灰色。还有一类是添加色彩，例如，上漆的铁艺座椅，色彩亮丽的塑料座椅等。

5.1.6　座椅的安置要点

座椅的位置安放要考虑到其形式与功能，总体上，有这样三个原则：

1. 坐有所位

此处的"位"是指地方、位置，也就是指座椅的位置安放要有一定的领域。在一些需要营造一个私人空间的景观环境里，设置这样一个单独的空间，使坐在座椅上的人可免受外人打扰，享受一个独处的私人空间。可用不同形式或者不同材质、不同纹理的铺地来加以区分，使座椅有一定的领域感，加强与其他空间的分割（图5-25）。这里的"位"，强调的是"领域感"。同时，硬质的铺地材料可以防止该区域长期受踩踏或者雨水的冲刷而出现坑穴。也可以利用一些植物来遮挡这个空间，或者在座椅的周围设置半隔断，来加强空间的私密性。另外，座椅安放位置的周围，出于人性化的思考，最好有垃圾桶的设置。

2. 坐有所视

优美的景色永远是景观环境营造的重点，也是向人们展示的重点，座椅的位置安放要使得所坐之人能够视角得当地欣赏面前的美景（图5-26）。人有趋美的特性，有些美景需要我们静下心坐下来才能品味出它的美好。在美妙的景色前放置一把座椅，会暗中给人们一种指引，把人们吸引到座椅上坐下，抬眼望去一片秀美的景色跃然眼前，不仅带给观景者视觉上的冲击，而且更多的是心理上的喜悦和惊喜。另外，椅背的朝向暗示了所视的方向，设计师所做的不仅是设计椅子的造型也是在设计景观的观赏点。例如，日本在一个山坡顶部安装了5张"飘浮"在空中的沙发，在山下的人们远远就能看到，被吸引至山顶坐在沙发上，欣赏面前风光无限的美景（图5-27）。

图5-25　座椅的场和位

图5-25

图5-26 座椅安置在优
美的景色前
图5-27 山坡观景座椅

图5-26

图5-27

3. 坐有所靠

座椅的安放在其后背一定要有所依靠，或是一面墙，或是一丛植物，这样会使所坐者从心理角度上增加了安全感（图5-28）。这里的"靠"，想要强调的是"安全感"试想，我们把座椅安置在一条小路旁边，而椅背是背向小路的，我们还能安心地坐着看风景吗？我们势必会不断地回头看后面的小路，影响了看风景或者坐着休息的目的。

将座椅与绿植相结合，既满足了实用功能又营造了一处景观小品。在绿荫的遮盖下，夏季乘凉休息都很舒服。到了冬天喜好阳光的季节，绿植就会脱落干枯的树叶，让阳光穿过枝桠照射下来（图5-29）。

综上所述，一个优秀的座椅设计解决的不仅仅是材料、造型、色彩、质感以及符合人体工程学的合理大小、尺度、椅背的最佳倾斜靠度等问题，更为重要的是在环境设计心理学的指导下，将各种要素揉在一起的综合性思考，满足人的心理需求的设计。

5.2 园灯

园灯，是指园林中所有灯具的总称。灯具兼具照明与观赏功能，也是构成景观环境的功能元素。园灯作为景观环境灯光的主体，能够丰富景观环境色彩、营造景观气氛和美化景观环境，在景观环境的塑造中是不可或缺的一部分。所以，造型优美并与景观环境协调的园灯会成为非常具有欣赏价值的园景（图5-30）。灯具的大量运用丰富了人们的夜晚生活并保证了人们夜间活动的相对安全性。广场上，随处可见的广场舞队伍；小区里，孩子奔跑在五彩斑斓的灯光下；公园里，人们灯光下休闲漫步。

图5-28　座椅安置在墙或植
物前面
图5-29　座椅与绿植相结合
图5-30　园灯营造浪漫的景
观气氛

　　景观环境中灯光的运用至关重要，好的灯光搭配会凸显景观环境的美。在不同的空间环境里要因地制宜地选择合适的灯具，避免千篇一律，且要有主次之分，这样才能营造出精彩动人的景观环境。同时，也要避免一定程度的光污染，节能环保，避免有碍视觉的眩光，有利于营造绿色的景观环境。

5.2.1　园灯的造型

　　园灯造型与景观环境的主题风格密切相关，其形式也是丰富多样的。常见的有自然形态和几何形状两类。自然形态的园灯能够很好地与环境相融合达到园景的统一，如花瓣形、贝壳形、自然石头形等。几何形及多种几何形组合而成的园灯给人严谨、庄重的感觉，如圆球形、方形、锥形等（图5-31）。

　　另外，组合形式上常见的有单灯、双灯、三灯及多头园灯，可根据不同空间的照明要求进行设计。

图5-31 圆球形、方形和锥形的园灯

图5-31

5.2.2 园灯的材质

园灯所使用的材质是多样化的，从古代的石头、青铜、陶瓷慢慢发展到现代的混凝土、不锈钢、木材、塑料等。现代景观环境中常用的材料大致可分为两类：一类是自然材料，例如，石头、木材，取之自然，不矫揉造作，增加了景观环境的归属感、自然感；另一类是人工材料，例如，塑料、混凝土、不锈钢、陶瓷，人工材料的可塑性较强，便于批量加工，节省了制作时间，其造型和色彩基本能够适应各种景观环境的需求。

材料不仅影响灯具的艺术效果，而且带给人们的心理感受也是不尽相同的，那么，景观环境也会因此呈现出不同的景观风格（图5-32）。以石头和混凝土作为基座的园灯会带给人们一种天然、纯朴的感觉，同时也会使人感到稳定、坚固和安全。透光性较好塑料和玻璃搭配，营造出比较现代、时尚的景观空间。敦厚大气的金属构件多用于富丽堂皇的空间环境。陶瓷构件塑造出带有古典韵味的景观空间。温暖的木材增加了空间的古朴气息。另外，有些园灯的材质需要做防水、防腐处理。

图5-32 材质各异的园灯

浑厚的石材灯具

通透的塑料质感灯具

陶瓷质感的灯具

木质纹理的灯具

图5-32

图5-33　绚丽明亮的灯光
图5-34　柔和温暖的灯光
图5-35　神秘的灯光

5.2.3　灯光的色彩

灯光的色彩是营造景观气氛的重要因素。当色彩和灯光明暗度相互配合会形成多种景观氛围。例如，绚丽明亮的灯光，会使空间变得时尚、活泼、热烈、生动（图5-33）。柔软色调的灯光则会使空间环境变得安静、悠然、舒适、宜人（图5-34）。低沉昏暗的灯光会给空间营造一种神秘的氛围（图5-35）。那么，在园灯的设计中，色彩的选用要结合园灯的材质、色彩、光照的强弱以及景观空间的风格进行合理搭配，才会营造出理想的景观环境。

5.2.4　园灯的尺寸

园灯的尺寸表　　　　　　　　　　　　表5-1

类型	草坪灯	庭院灯	高柱路灯	步行街路灯	广场灯	水下照明灯
尺寸	0.3~1m	1~4m	4~8m	1~4m	5~10m	水下0.05~0.1m

5.2.5　园灯的分类

1. 地灯

地灯是嵌在地面上的，具有一定的隐蔽性，所以，又叫地埋灯或藏地灯。因此，光照范围狭小，只能对地面上的植被、景物有照明效果。可渲染植物的色彩，烘托景观的氛围，使景观更美丽神秘。同时，地灯也具有很好的引导性，安装于车辆通道或步行道上，除了照明外还进行了空间的划分。常用于公园、广场、道路两侧，灯光朦胧，含而不露（图5-36）。

地灯的安装和使用需要考虑防水、防尘、防漏电的作用，因此，多用耐腐蚀的不锈钢或铝合金面板做灯筒，外面用钢化玻璃覆盖，再用硅胶圈密封。里面安装LED节能光源。在安装地灯时下部应垫上碎石，便于排水。

2. 草坪灯

草坪灯多用来装饰点缀环境，专门为草坪、花丛、灌木丛及局部道路设计的景观灯。安置在草丛、花隅等静谧之处。灯光柔和，凸显植物轮廓，外形大多小巧玲珑。别致新颖的造型、丰富的色彩与景观环境相协调，增加了景观环

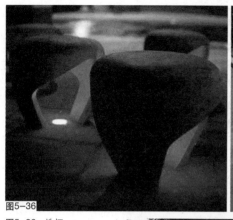

图5-36

图5-36 地灯
图5-37 草坪灯

图5-37

境的美感（图5-37）。

为了使草坪灯能够与景观环境融为一体，草坪灯通常根据周围的环境被设计成花草树木的形状，自然的形象与环境贴合度更高，更加自然和具有美感。草坪灯的高度低矮，大多为0.3～1m，灯光的照射角、亮度和色彩可随意调节，营造出不同的景观效果。

3. 庭院灯

庭院灯，也是兼具实用与美观的灯具。具有多样性、功能性与美观性，外形优美，在景观环境中自成一景（图5-38）。维修简单，且容易更换光源。常应用于小区、广场、公园、景区、街道等空间中，提高了晚间人们的户外活动的安全性。

庭院灯根据不同的景观风格进行搭配，有中式、日式和欧式。中式的庭院灯具自然彰显着中国古典元素的美，如古代的宫灯，装点景观的同时传承了优秀的传统文化。日式庭院灯最著名的就是由石灯笼演化而来，与景观环境的搭配度极高，展现了庭院的自然美。欧式庭院灯的形式美感丰富多变，把欧洲国家的艺术元素进行抽象化，彰显了景观的艺术感，如铁艺的运用。不同风格的庭院灯体现了不同的地域文化，展现了不同的艺术涵养。

图5-38 庭院灯

4. 壁灯

壁灯也是一种镶嵌式灯具，与地灯嵌与地面不同，它是安装在墙的立面上或建筑的支柱上，可作为主题照明灯、辅助照明灯亦或是点缀装饰环境之用。壁灯的光照度一般不宜过大，以光线淡雅、柔和为佳，营造出优雅、温和的景观环境。其造型应与景观环境协调，凸显环境的艺术感染力（图5-39）。

壁灯作为景观空间的一种极具装饰性和艺术性的照明工具，起到了节省空间的作用，更是点缀了夜晚的景色。柔和的光线，不会产生眩光，很好地保护了人们的眼睛。

5. 路灯

路灯是景观环境中负责反应道路状况的灯具，是照明系统中最主要的照明设施，其最主要的功能是提供路面情况，保证人们夜间行驶的安全性。路灯的灯头可用单个、两个或多个，根据需要照明设施的路面情况来决定。道路两旁整齐划一的路灯对空间进行了有序的划分，增加了空间的节奏感，丰富了空间环境的层次。同时，具有引导性，起到指引方向的作用。

不同大小、尺寸和造型的路灯在景观环境里呈现出了不同的景致效果，营造了不同的空间氛围（图5-40）。例如，低位置路灯通常位于建筑入口处的优雅环境中，营造一种静谧温和的气氛；高柱路灯主要是满足大范围的照明需求，灯光强度高，空间明亮，多用于体育场、停车场等。步行道路灯一般造型优美，增加了环境的美感。

图5-39 壁灯

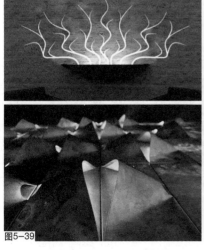

图5-40　路灯

图5-40

6. 无线LED绿色照明灯具

无线LED绿色照明灯具是一种基于LED技术创新的灯具，有环保、多功能、新颖、高效、智能化的特点。之所以说它绿色环保，是相较于一般的节能灯具，没有用到对环境污染十分严重的重金属汞。在同样的瓦数下，比传统白炽灯更明亮。采用无线灯泡，可随意移动，灯泡90%的成分是可回收的，绿色环保。无线灯泡充电方便，大量灯泡可集中充电，一般充电时间是4～5个小时，可使用时间达48小时，总共使用寿命长达50000小时，利用效率高。

无线LED绿色照明灯具的外壳采用环保PE塑料，特点是透明和外观易于塑造成不同的形状，有球形、蛋形、塔形、矩形、柱形、筒形、水滴形及不规则形体等。照明控制和灯光颜色采用远程遥控技术，方便可靠。可变换不同的色彩，营造浪漫温馨的空间氛围，提升景观格调。同时，它还能充当座椅、吧台、树池、花箱、酒桶、容器等，使用方便，可放入水中，但需要考虑到防水防漏（图5-41）。

图5-41　无线LED绿色照明
灯具

图5-41

7. 广场灯

广场是人们日常休闲娱乐的常去之地，尤其是夜晚的使用效率较高。因此，照明设施必不可少。广场的空间通常较大，需要灯光能够覆盖每一个角落。所以，必须采用高杆照明。使得广场空间得以有效地利用，并且照明强度要大，以便于提供明亮的照明效果（图5-42）。

8. 水景灯

水下照明是用来装饰点缀环境的，安装在水池、喷泉和游泳池里，配合水景营造出浪漫温馨的景观效果。五彩斑斓的颜色为无论是动态还是静态的水体增加了活泼生动的色调。水下照明灯是以压力水密封型的设计，要求防水、防腐和避免水蒸气在灯具内部凝结。另外，柔软的灯带也是水下照明常使用的灯具，便于曲线光带的营造（图5-43）。

9. 礼花灯

礼花灯多用来装饰景观，也可作为路灯来使用。造型优美，像是散开的礼花，各式各样，但都为发散形式。颜色绚丽多彩，灯光明亮。白天是景观环境里的一个艺术小品，晚间是黑夜里绚烂的一抹色彩。点缀于景观环境之中，增加了空间的动感和美感。该灯具属于中远距离的照明灯具，功率较大（图5-44）。

灯光是营造气氛的最佳选择，浪漫的空间亦或是有趣的空间都缺少不了灯光的点缀。它可以带给人们惊喜，也可以带给人们震撼，一条缀满点点灯光的小路，一个光影变换的空间都展现了灯光带给环境的魅力（图5-45）。

图5-42　广场灯
图5-43　水景灯

图5-42

图5-43

图5-44

图5-45

图5-44　礼花灯
图5-45　夜间缀满灯光的
小路

5.3　亭子

亭子是中国古典建筑的文化符号，有着源远流长的历史文化，最初始于周代，是指在园囿中供帝王停歇驻足的高台。在《批文切字集》中有曰："亭字原形是有上盖的高台。"高台可谓是亭的雏形，但作为一种建筑形式出现大约是在春秋战国时期，功能是供人休息用的。那么，亭子在历史的长河中，伴随着建筑形式不断发展演变，其形式、结构、色彩也有了天壤之别的变化，功能也随之增多，也更加适合现代景观环境的需求，并与之相协调。

5.3.1　亭子的作用

亭子在景观环境中的应用较多，多位于公园、广场、住宅区等。夏季可供人们纳阴乘凉，冬季遮风避雪，这是大多数亭子具备的基本功能。大多亭子里设有座椅，为行人提供一个短暂休息歇脚之地（图5-46）。《园冶》中说："亭者，停也，所以停憩游行也"。可见，亭子既是休息之地也是赏景佳所，在景观环境的设计中，亭子也可作为一个观景的场所，坐在亭子里放眼望去，一片秀丽景色跃然眼前。

5.3.2　亭子的形式

亭子结构简单，由于柱子之间是通透的，呈开敞的空间结构。形式多种多样，从平面上分有三角形、四角形、长方形、五角形、六角形、圆形、梅花形、扇形、半亭、双亭、组合亭和不规则形平面等。从屋顶形式上又分为单檐、重檐、三重檐、攒尖顶、平顶、硬山顶、悬山顶、歇山顶、单坡顶、卷棚顶等。

图5-46　设有座椅的亭子

图5-46

从布局位置上有山亭、半山亭、桥亭、沿水亭、靠墙的半亭、廊间亭、路中亭等。后两者分类形式的亭子多为中国古典园林的经典亭子形象（图5-47）。

5.3.3　亭子的造型

亭子的造型变化多端，从茜尔·摩根所作的中国亭方案中可以体会到没有约束的丰富想象力。那么，亭子造型根据使用环境不同所展现的形式也是不同的，如现代传统型、仿生型、生态型、解构组合型、虚实相生型、现代创新型、海派风韵型、新型材料结构型、智能型。不同形式的亭子体现不同的审美情趣，传递不同的艺术文化。根据不同的景观环境氛围设计不同类型的亭子，才能更好地达到功能形式与艺术文化的统一。古色古香的传统型亭子在景观环境中展现的是诗情画意的文化氛围，多用于古典园林、公园、住宅区等的古朴、典雅的景观环境中。现代时尚感十足的亭子通常造型简洁流畅，色彩或素洁明快，或鲜艳明亮。这类的亭子应用范围广泛，街道、广场、公园、景区等，与现代景观环境相协调。不同风格的亭子带给人们不同的审美体验和文化价值（图5-48）。

图5-47　不同形式的亭子

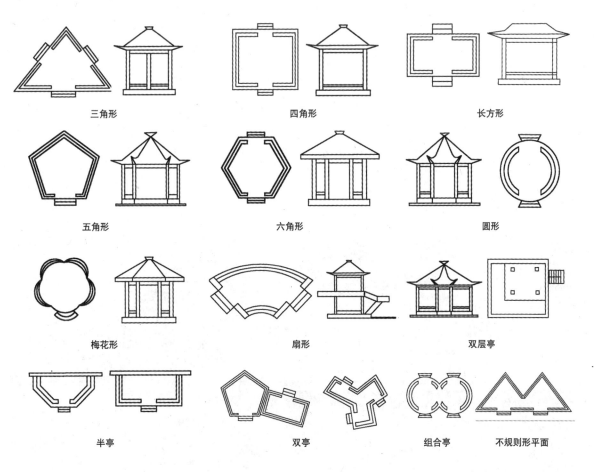

三角形　四角形　长方形　五角形　六角形　圆形　梅花形　扇形　双层亭　半亭　双亭　组合亭　不规则形平面

图5-47

117

图5-48 不同造型的亭子

5.3.4 亭子的材质

不同的材料会给亭子带来别样的建筑风格和造型艺术，通常亭子采用的材质基本有两类：传统材质和新型材质。两类材料各有自己的特色和局限性，要根据整体的景观环境选用合适的材料。传统材质有木材、石材、砖材、茅草、竹子和铜等，多用于塑造中国古典园林中彰显着中国传统建筑文化的亭子形象，凸显的是文人墨客诗情画意的文化情趣。另外，木材和竹子要做防腐处理。新型材料有张拉膜、彩钢、钢筋混凝土、木塑材料、玻璃、PC板等。张拉膜因为本身重量轻，能够跨越很大的幅度，并且维修简单，所以，能够塑造出轻巧多变、优雅飘逸的亭子形态；而且，张拉膜还可以营造出波浪起伏的建筑轮廓线，增加景观空间的动感和时尚感。新兴材料制作的亭子作为建筑标志，应用广泛，多位于居住区、广场、商业街、现代公园绿地、大型休息绿地、私家庭院、露天平台、水池旁边等一些休闲场所内（图5-49）。

图5-49 材质各异的亭子

5.3.5　亭子的位置

亭子本身作为一景物，它还提供了一个观景的场所。因此，在景观环境中，亭子的位置选择至关重要，要考虑亭子与周边环境充分的"对景"和"借景"，保证亭子既发挥"成景"的作用，又发挥"观景"的作用。如拙政园中的"梧竹幽居亭"不仅成为园林中一景，而且亭子四面都有着不同的优美景色（图5-50）。亭子作为环境中的一景，要与整个大环境相融合，起到点景作用，例如，山上建的亭子既丰富了山的轮廓，又使得山石充满了生气。临水建亭，倒影水中，亭影波光，点缀和丰富了水面的层次。水中之亭还为游人提供了观景的立足点。亭子是一个开敞空间，内部虚空，吸引人们在此驻足，自然要保证亭中之人有景可观，所以，亭子安置在四周都有优美景色的位置，吸引人们在此驻足，享受景色的秀美。

5.3.6　案例赏析

1. 罗马的"花朵"亭子

罗马WHATAMI上的"花朵"亭子。WHATAMI是一个人造的坡地，地面覆盖了大片的草坪，似一个山坡。亭子的整体造型像是开在草地上的朵朵鲜花，娇艳的红色与绿色的草地相互应和，为整个环境增添了美感。亭子的下方用长满草的土堆塑造了一个个方形的凸起，凸面上安置黄色的面板，成为一个与环境相融合的座椅，可供在亭子下面纳凉的人们使用。巨大的红色花朵还可以为该区域提供照明之用（图5-51）。

2. BA_LIK亭子

BA_LIK亭子位于斯洛伐克的布拉迪拉法（Bratislava）公共广场上，它是由建筑设计师Vallo Sadovsky设计的。这个亭子是由五个带有轮子的单独个体组成，既可以组合为一个整体，又可以单独存在。空间组织形式灵活且便

图5-50　拙政园中的"梧竹幽居亭"

图5-50

于移动，巧妙地解决了不同活动空间的需求问题。可以作为展览、演出和各种活动的场所，或者提供给人们朋友聚会的地方，也可容纳城市流浪者借宿等，功能强大（图5-52）。

亭子本身时尚的造型和亮丽的色彩成为整个广场上的视觉重点，单独存在时就是一个景观雕塑装饰了景观环境，提升了空间的视觉美感。这种可移动和自由组合的亭子解决了城市空间狭小的问题，很好地适应了日益拥挤的城市空间的需求，并为市民的户外活动提供了便利。

5.4 廊架

廊和花架是景观环境的重要组成部分，承担着重要的景观功能，或绕山，或缘水，或穿过花丛草地，点缀了景观环境。廊和花架还是划分空间格局的重要手段，营造不同的景观分区。花架具有线性灵巧、开阔通透的特点，保证了视觉的感知可达性。花架常以植物覆顶，格调清新，接近自然，让人有亲近的欲望（图5-53）。常用的藤本植物有藤萝、六叶野木瓜、野葛、紫薇、藤本蔷薇、葡萄、丝瓜、葫芦和木通等，这些植物的枝蔓都是盘结垂落式，不仅提供了阴凉的庇所，还为景观环境营造了浪漫的环境氛围。

廊和花架的形式、尺寸、色彩和题材要因地制宜、结合周围景观环境进行设计，达到景观的协调一致性。

5.4.1 廊架的功能作用

（1）廊架在景观空间中起着联系空间和划分空间的作用，将两个景观节点或建筑通过廊架的形式连接起来，加强了景观的连续性和完整性。同时，将景观中不同的功能区间进行了划分，起到了分割带的作用（图5-54）。

图5-51 罗马WHATAMI的里的"花朵"亭子
图5-52 BA_LIK亭子

图5-51

图5-52

图5-53

图5-54　图5-55

图5-56

　　（2）廊架作为连接风景的纽带，其本身就是景观的视觉点。起到点缀装饰风景、活跃景色的作用，并凸显了景观环境的特色。如拙政园中的"小飞鸿"，以桥廊的形式作为园林空间的一处景色（图5-55）。

　　（3）廊架是一个通透的空间，内部通常设置座椅、美人靠，为游人小憩提供便利，还具有一定的遮阳避雨的作用。

　　（4）廊架在景观环境中能够起到引导、游览的作用，作为一个通行之道，暗示了游人观赏路线，有序地组织和安排了空间的游览次序。

　　（5）廊架除了被观，还有观景的功能，这个功能和亭子的观景功能有异曲同工之妙。廊架起到透景、隔景、框景的作用，使得空间层次丰富多变，为游人观景提供了方便（图5-56）。

5.4.2 廊的基本类型

中国古典建筑中传统的廊的类型多种多样，依据不同的条件可划分为不同的类型（图5-57）。按照位置划分则有平地廊、爬山廊、水走廊、桥廊和叠落廊等。依照廊的平面可分为直廊、回廊和曲廊。按照结构形式可分为单面空廊、双面空廊、半廊、暖廊、复廊、单支柱廊、里外廊、双层廊等。从建筑造型上分檐廊、挑廊、通廊、柱廊等。

图5-57 不同类型的廊

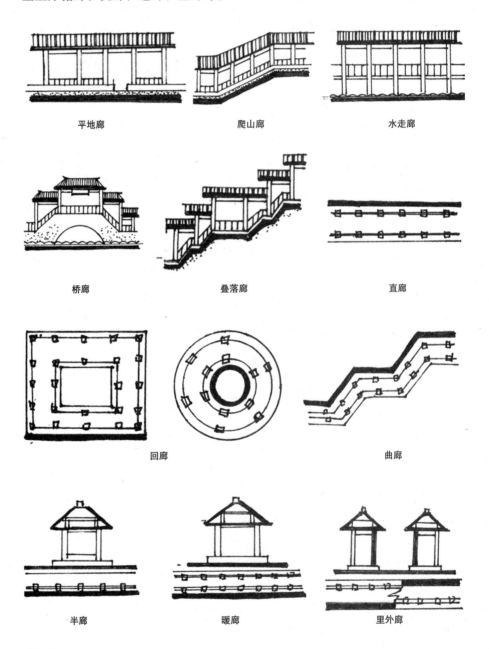

平地廊   爬山廊   水走廊

桥廊   叠落廊   直廊

回廊   曲廊

半廊   暖廊   里外廊

图5-57

5.4.3　廊架的造型

廊在现代景观环境中得以继承和发展，不断推陈出新，以新的形式继续发挥着廊的作用（图5-58）。花架的造型多样，繁复的建筑形制，运用新型材料制作而成，造型多变优美，装饰感强。钢和混凝土的花架通常把其柱、檩、梁外形做成仿生形状，亲近自然，别有一番情趣。

5.4.4　廊架的材料

廊架材料一般采用木材、钢材、竹子、混凝土、张拉膜、彩钢、木塑材料和玻璃等。花架一般采用圆木做梁木，竹料做檩条。现代廊架的设计常把混凝土做成仿木材的效果，涂上仿真漆，自然的木纹效果逼真，提高了花架的耐久性（图5-59）。

5.4.5　廊架的尺寸

廊的通常宽度约为1.5~3m左右，两柱之间的宽约为3m，柱距3m，柱高2.5~2.8m。

花架的高通常为5~2.8m，比较有亲切感。宽为3~5m，长度5~11m，立柱间隔为2.4~2.7m。

图5-58　造型各异的廊架
图5-59　不同材质的廊架

123

5.4.6　廊架的设计要点

（1）花架上应留有悬垂类藤本植物生长所需要的空间。还要考虑到在植物长成前花架本身要耐看，要具备一定的美观性。如果为满足遮阴效果，应选用光叶榉、朴树等效果更好。

（2）廊架作为观景的场所之一，要合理安排其周围的景观点的位置。还要在廊的侧面通往景观点或活动场所的位置处留有开口，便于人们从廊中直接到达景点或活动场所，加强与景观环境的互动（图5-60）。

（3）在廊架的西侧种植落叶树，可有效减少太阳对其的热辐射，使得廊架遮阴纳凉的效果更好。

5.5　雕塑

雕塑是对不同材料采用雕、塑、刻等手法塑造出的不同形式的艺术形象。它是景观空间的重要装饰主体，提升着景观环境的艺术品位。雕塑的形式美感是它设计制造的出发点，点缀、装饰和丰富景观空间环境。同时，具有一定的象征意义，传递着内在的精神理念。既美化了景观环境，又丰富了人们的内心世界。

在现代景观环境中，雕塑的运用非常广泛。例如，公园里、校园里、小区里、景区里、广场上、商业街上、高速公路上等等。一个设计优秀的雕塑不仅能够巧妙地表达艺术家的思想情感，而且也能充分地反映当地的地域文化和时代精神，成为一个城市乃至国家的象征和标志，如美国自由女神像、丹麦小美人鱼、新加坡鱼尾狮、巴西耶稣像等（图5-61）。

图5-60　廊的开口位置要面向景观节点
图5-61　成为国家象征和标志的雕塑

图5-62

图5-62　街头雕塑

5.5.1　雕塑的作用

（1）雕塑作为一件艺术品，是景观环境的视觉焦点，带给人们美的享受和体验。它装饰和点缀了景观空间，烘托和美化了景观环境，带来强烈的艺术生命力。

（2）雕塑有着很好的寓教于乐的功能，它能够起到感化、教育和陶冶情操的作用。通过艺术的形体美来表达艺术家的情感，展现雕塑本身所蕴含的教育意义。雕塑所展现的人文关怀更是一个城市的文脉，彰显一个地域的品格和气质，文化与性格。

（3）不同形态的雕塑表达着不同的艺术个性和传递着不同的文化内涵。以其强烈的视觉效果和蕴含的深厚的情感来调节人们的心情，引起心理的共鸣。增添环境的色彩，反映时代的特征。

（4）街头的雕塑是走进我们生活的艺术品。一些多功能雕塑不仅具备了美化环境的功能，而且人们可以近距离接触，增加了与环境的互动，人与环境的关系也越来越密切（图5-62）。

5.5.2　雕塑的分类

1. 按功能分类

雕塑按照功能可分为纪念性、主题性、装饰性和功能性四类。

（1）纪念性雕塑

纪念性雕塑是以历史上或现实生活中的人或物为主题创作的，用于表彰和纪念一些伟大人物和历史事件。表达对历史人物的敬重，或传递伟人的精神和思想，或纪念重大历史事件。使人们从伟人的精神中受到启迪和鼓舞，从历史事件雕塑中了解过去，感悟历史。这是庄严型的雕塑类型，通常以纪念碑的形式来表现。

纪念性雕塑多安置于广场、校园、纪念性园林和公园等，大多处于景观环境的主导位置，表现了时代的精神追求。例如，长沙橘子洲头的青年毛泽东雕像，上海徐光启纪念馆里的徐光启雕像，南京雨花台烈士群像，北京天安门广场的人民英雄纪念碑底座上的中国近代重大历史事件的浮雕等（图5-63）。

图5-63　纪念性雕塑

橘子洲头青年毛泽东雕像　　　　徐光启雕像

雨花台烈士群像　　　　人民英雄纪念碑底座浮雕

（2）主题性雕塑

主题性雕塑是按照某一主题来创造的雕塑作品，用来表现和凸显相关主题观念的景观环境，与环境有机结合程度高，不仅美化了景观环境，而且增加了环境的文化内涵。弥补了单纯景观环境表达相关主题含义不足的缺陷，达到了环境主题表达鲜明、强烈的目的。

这类雕塑有着强烈的主题归属感。无论是在公园、广场还是景区环境里，雕塑的一切元素都是围绕某一主题展开，所表达的思想也是吻合这一主题，充分发挥艺术的可解读性，强化景观环境的思想。例如，南京莫愁湖的莫愁女雕塑，源于莫愁湖上一段凄美的爱情故事（图5-64）。

图5-64　南京莫愁湖的莫愁女雕塑

图5-65　装饰性雕塑

（3）装饰性雕塑

装饰性雕塑着重的是其装饰性，以美化环境为主，注重形体美及艺术美的表达。它的题材广泛，可选取人物、动物、植物和器物以及真实的或虚拟的形象，以具象的或抽象的形式表现出来。这一类雕塑表现形式丰富多彩的，风格是活泼生动、轻松愉快，带给观者美的享受和愉悦的心情。同时，也提高环境的文化氛围，与环境协调统一（图5-65）。

装饰性雕塑可以作为一个单独的雕塑小品存在，展示其自身的艺术美。也可以依附于一些建筑物的表面，装饰美化建筑，如中国古建筑上精美的浮雕。也可以与喷泉、水池、石、树等相结合，遍布草地、花坛、林荫道上，丰富景观环境。

（4）功能性雕塑

功能性雕塑不仅具有艺术品的美感来装饰美化环境，而且又具有一些方便于人的使用功能，是一种实用型的雕塑。它将艺术与实用巧妙地结合在一起，同时满足了视觉上的感官享受又满足了行为上的互动体验。

功能性雕塑为我们的生活提供了方便和乐趣。例如，设计成座椅形式的雕塑，散发美感的同时提供了休闲空间；也可以是儿童的游乐器具，攀爬、玩乐，为孩子营造了一个免费"游乐场"。另外，与水景、灯光、花坛树池的结合等让人们在生活中真真切切地感受到了艺术的魅力（图5-66）。

2. **按表现形式分类**

景观环境中经常用到的雕塑表现形式有两种：圆雕和浮雕。圆雕又称立体雕塑，是三维的。圆雕具有强烈的体积感和空间感，可从不同角度进行观赏，作品立体、饱满、丰富、生动、传神（图5-67）。浮雕是半立体雕刻品，是二维的，仅一面或两面可以观看。依附于物体的表面进行雕刻，建筑和器物上居多。

图5-66　功能性雕塑

图5-67　圆雕

图5-67

3. 按艺术形式分类

按照艺术形式可分为具象雕塑和抽象雕塑（图5-68）。具象雕塑以现实生活中的人物、动物、植物、器物等形象进行艺术创作，采用写实的手法，真实反映其本来面貌，作品真实、自然。抽象雕塑是对客观事物进行概括、简化和提炼，用抽象的语言和符号进行表达，视觉冲击力强。这类作品融入了创作者个人的思想和观点，表达了一定的情感。

4. 按材料分类

艺术家通过使用不同的材料来塑造刻画不同形态、不同情感的雕塑作品，借以反映社会生活，传递思想情感，表达审美理想。景观雕塑常用的材料有天然石材、人造石材、金属材料、高分子材料、陶瓷材料、茅草、可塑和可刻材料等。天然石材是指花岗岩、汉白玉、大理石、砂石等，色彩和纹理自然，耐候性强，便于永久保存。人造石材是以不饱和聚酯树脂为黏结剂，配以天然石材、硅砂、玻璃粉等无机物粉料，经配料混合、瓷铸、振动压缩、挤压等方法成型固化制成的。与天然石材相比，人造石具有色彩艳丽、光洁度高、颜色均匀一致，抗压耐磨、韧性好、结构致密、坚固耐用、比重轻、不吸水、耐侵蚀

图5-68　具象雕塑和抽象雕塑

图5-68

图5-69　材质丰富的雕塑

风化、不褪色、放射性低等优点。金属材料主要有青铜、紫铜、黄铜、铸铁、不锈钢、铝合金、铝等，以熔模浇注和金属板锻造成型，不同的质感丰富了景观环境。雕塑中常用到的高分子材料有树脂、塑料、橡胶等，工艺简单，成型方便，质地轻巧，但造价相对较高。陶瓷是利用高温烧制而成，通常体量较小，不适宜制作大型雕塑，而且易碎，但其光泽度好，质地细腻。可塑材料有石膏和黏土，容易成型和刻画。可刻材料是指玻璃钢和砂岩，强度较硬，塑型有一定难度。（图5-69）

5. 按交互形式分类

雕塑类型按照交互形式可分为视觉雕塑和互动雕塑。视觉雕塑也叫静态雕塑，供人观赏，形态优美，用来点缀和装饰景观环境（图5-70）。互动雕塑也叫动态雕塑，可以设计成座椅、电话亭、儿童大型玩具、亭子等景观设施（图5-71）。除了能够观赏、增加环境美感外，还能增加人们与景观的互动性，充分调动人们的参与热情，感受雕塑创作者的情感表达。

图5-70　视觉雕塑

129

图5-71 互动雕塑
图5-72 创意性雕塑
图5-73 具有形式美感的雕塑
图5-74 意象性雕塑

5.5.3 雕塑的艺术特点

（1）创意性雕塑有着很强的装饰性和表现力。形象逼真、趣味十足，视觉冲力大，带给人们丰富的感官享受和心理、情绪的愉悦（图5-72）。

（2）雕塑的形体美是艺术形式美的灵魂。直观的形体展现了艺术的生命力，形象地表达了景观环境的主题，营造了优美的景观氛围（图5-73）。

（3）意象性是雕塑带给观者的审美、文化感悟，向大众传递其蕴藏的思想情感，展现了创作者的主观精神和意识表达（图5-74）。

5.5.4 雕塑的设计要点

（1）雕塑的设计要以空间环境的主题为依据，注重与周边环境的协调一致。根据环境的特点确定雕塑的类型、形体、材质、色彩、尺度和位置等。一般将雕塑安置在景观空间的中心位置或风景透视线的范围内，便于展示其形体美、协调美（图5-75）。

图5-75　雕塑与空间环境相结合

图5-76　联合国的"打结的手枪"雕塑寓意制止战争，禁止杀戮

图5-76

（2）雕塑的比例和尺度要注意观者视线的平视和仰视，对其进行适度的设计。安放时要与行道及观赏位置保持一定的距离，以便于提供合适的观赏角度。在整个观赏过程中要注意在周围景观环境中设计远、中、近距离的观赏空间。远观其全貌和大体轮廓，近观其细节和质地，保证良好的观赏效果。

（3）雕塑是景观环境意象的表达者和传递者，其题材和形体设计要体现人文精神和时代感。以亲近群众为原则，以美化环境、保护生态为方向，内容以健康、积极向上为主，给观者一个好的行为导向和行为暗示（图5-76）。

（4）雕塑的设计要注重形式与内容的统一、体量与空间的统一、主题与环境的统一。根据景观空间的功能与形式，创作有差异化的景观雕塑形象。

5.6　用水器

用水器包括洗手器和饮水器，是安置在公共景观环境中的供水设施，如居住区街道、景区、公园、大型广场、商业街、展览园区等人群集中的地方。一方面方便了城市居民的使用，满足了人们户外的卫生需求；另一方面又使得景观空间更具有活力和人性化。

用水器体现了一个城市的文明程度，体现了居民受关注和被照顾、被尊重的程度，有利于形成人们热爱生活、保护环境的意识。用水器虽然是以实用为主，但是其装饰性也不可忽视，是景观环境的装饰重点之一。用水器的设计要本着这样三个原则：安全卫生、共用性和与环境的协调性。

5.6.1 用水器的功能

（1）解决了人们户外饮水的需求，便于在公共空间洗手、洗脚，保持卫生清洁。

（2）造型优美、做工考究、与环境相协调的用水器美化了景观环境，成为景观空间的视觉焦点。

（3）用水器的设置能够体现一个城市的景观品位和精神风貌，体现居民的生活品质和幸福指数。

5.6.2 用水器的尺寸

用水器的尺寸要兼顾成人和儿童的高度。出水口距离地面高度通常为70~80cm，儿童实用高度为40~60cm。水盆高度在60~80cm之间，水盆边缘要避免尖锐的边角。供儿童使用的用水器应设计踏步，便于不同身高的儿童使用，踏步的高度以10~20cm为宜。

5.6.3 用水器的结构和材质

用水器的构成元素由基座、水容器、出水控件、出水口、排水漏、踏步等几部分组成。出水方式通常是手动按压或者是感应式开关。饮水器的水流向上喷起呈弧形，饮水者不用接触出水口就可直接饮用，确保了卫生安全，流出的水经由水漏排出（图5-77）。

基座和水容器的材质多为不锈钢、混凝土、石材、陶瓷等。出水口材质多选用钢水管、钢塑水管、PPR管和镀锌铁管、镀锌钢管、塑料水管等。水盆选用光滑且易于清洗的材质，保证水质的安全卫生。

图5-77 无触碰型用水器

图5-77

5.6.4 用水器的造型

用水器的造型是景观环境中的视觉重点之一，目的是配合景观环境协调一致，所以其造型丰富多样。基本形态有矩形、圆形、多角形、组合几何形态及艺术化造型。具体可分为以下四类：

1. 雕塑小品类

用水器的外形被当做雕塑品来精心设计，或时尚或古典，或简约或繁复，或具象或写实。造型具有装饰性，实用与美观兼具（图5-78）。

2. 几何造型类

几何造型类的用水器是最常见的形态，或是单独的几何体，亦或是组合几何体。通常体积感较强，外形稳重（图5-79）。

3. 有机形态类

这一类的造型丰富多变，生动有趣。装饰意味浓厚，带给人们的视觉冲击力大。能够和谐地融入景观空间中去，彰显景观的生命力（图5-80）。

4. 原生态形式

造型属于原生态式或者使用方式近似原生态的用水器。造型质朴，用材原始，给使用者天人合一、绿色环保的心理感受（图5-81）。

图5-78 造型优美的雕塑小品类用水器
图5-79 简单的几何造型用水器
图5-80 有机形态型的用水器

图5-78
图5-79
图5-80

图5-81 古朴的生态型用水器

图5-81

5.6.5 用水器的设计要点

（1）用水器的设计要合理安排入水口和排水口。通常为了顾及用水器的形式美，入水口都是隐藏式的。排水口可设计成凹槽的形式，多余的水直接从用水器表面经凹槽进入地面上的排水漏（图5-82）。

（2）用水器的尺度除了兼顾成人和儿童使用外，还要满足老年人、轮椅使用者的需求。使得不同能力的群体能够安全、舒适地使用用水器。可以在同一用水器上设置高度不等的出水口来满足儿童和特殊人群的使用（图5-83）。

（3）洗手器与洗脚池相结合，多设置于海边，便于在沙滩上玩耍的人群及时清洗脚上的沙子，以保持自身和环境的卫生整洁。在对洗手器进行设计时要把洗手后的废水合理引导至洗脚池里，节约用水。

图5-82 合理安排入水口的水器
图5-83 不同高度出水口的用水器

图5-82

图5-83

图5-84　标识牌

图5-84

5.7　标识牌

标识牌是景观空间的重要组成部分，是一种通过文字、图形符号、色彩等图像式的视觉语言来传达信息的方式。便于人们迅速准确地获取各种环境信息，内容简洁明了，形式设计有影响力和视觉冲击力。景观标识牌界定了空间，加强了空间的序列感，是对景观环境和城市空间最有力度和最精彩的表达。标识牌的设置增强了景观空间的人性化，它的可读性实现了人与环境的互动交流（图5-84）。

景观标识牌既是一个独立的微观景观，也是景观环境重要的表达者，是环境的一个装饰元素，其设计要根据环境来决定其造型、色彩、材质等，要兼具美观与实用功能。

5.7.1　标识牌的功能与作用

（1）标识牌作为连接景观环境和人们行为的媒介和纽带，具有引导和指示的功能，其可读性为人们提供有效的环境信息，引导人们在景观环境中的行为和动向。

（2）标识牌在各种景区中具有导向和定位功能，为人们的游览路线和确定自身的位置提供了便利。

（3）景观标识牌是景观空间功能的补充和优化，为人们的户外游玩、出行、休闲提供了更贴心、便利的服务。

（4）标识牌具有形象性和文化性，优美的造型是城市景观的装饰物，美化环境，凸显特定的文化内涵，强化景观空间的场所精神。其艺术特质提升了城市的形象和文化品位。

（5）表征性和指意性是标识牌的重要功能，它们蕴含了公共环境的性质、特征和作用。例如，某些行业标识和商标等，表示独特的地方性。

5.7.2　标识牌的类型

标识牌的类型多样。从设置方式上分为独立式、墙面固定式、地面固定式和悬挂式四种。按照信息内容分类有名称标识牌、环境标识牌、指示标识牌和警告标识牌。按照功能分为定位类、信息类、导向类、识别类、管制类和装饰类六种。

定位类标识牌一般应用于景区导览图、地图上，用于标注游人当前的所在位置，便于规划游览路线之用。信息类标识牌能够提供有关事件的详细信息，例如，事件的通知、活动时间安排表、展览的时间等。导向类标识牌是为人们指引方向的，有地面导向、墙面导向以及指示牌导向三种，引导人们到达目的地。识别类标识牌是帮助人们进行判断的工具，让人们能够识别一个特殊的地点，如标注着某个建筑物或区域的标识牌。管制类标识牌带有强制性，是有关部门的规范制度，提示我们按照指示来进行有关活动。装饰类标识牌是美化、装饰景观环境或景观要素的，提升环境空间的美感，更具有吸引力（图5-85）。

5.7.3　标识牌的材料

标识牌的材料要坚固、经久耐用，不易破损，以防悬挂式标识牌破碎从高空坠落砸伤下面的人群。常用材料有天然石材、不锈钢、铝、塑料、木材、瓷砖、丙烯板等。不同的材料呈现出不同的造型和表现方式。例如，用石材做的标识牌

图5-85　不同功能的标识牌

定位类　信息类　导向类

识别类　管制类　装饰类

图5-85

图5-86　石材标识牌、不锈钢标识牌和木质标识牌
图5-87　自然形式的标识牌、几何形式的标识牌、具象形标识牌、抽象形标识牌

多采用雕刻的方式和镶嵌金属的方式。用不锈钢和铝等金属材质做标识牌多采用刻字、镶块字的方法。木质标识牌可在上面粘贴印刷品、写字或雕刻等处理方式。不同风格特色的景观标识牌为环境增添了一道独特的风景（图5-86）。

5.7.4　标识牌的造型

标识牌要依据不同的景观环境设计不同的造型，达到与环境的协调一致。有自然形式的标识牌、几何形式的标识牌、具象形标识牌和抽象形标识牌（图5-87）。每一类型的标识牌都各有特色，装饰和点缀着景观环境，在人们获取信息的同时带来美的享受。

5.7.5　标识牌的设计要点

（1）标识牌的位置安放要合理，尤其是信息类标识牌和定位类的标识牌位置应醒目，例如，景区出入口、空间转折点、道路交叉口等，便于人们寻找。并且安放的位置不要妨碍行人交通及破坏景观环境的整体感，通常这类的标识牌放在远离道路的地方，并在其面前留有一块供人们驻足观看的空地（图5-88）。

（2）标识牌的色彩和造型是吸引人们视线的重要因素，决定着标识牌是否能引起人们注意。其设计应选择符合其功能的尺寸、形式和色彩。通过主题色和背景色相互搭配来突出其功能（图5-89）。

（3）标识牌需要配备照明设备以满足人们夜间使用的需求。照明灯的安装有两种类型，一类是安装在标识牌的内仓里，灯光是隐藏式的；一种是外部集中照明，这种方式适合应用在有绿化树木的地方（图5-90）。

图5-88

图5-88 标识牌的位置安放
图5-89 色彩亮丽的标识牌
图5-90 灯光标识牌

图5-89

图5-90

（4）标识牌所传递的信息要简洁明了，一目了然，内容明确和便于人们快速获取信息。这样减少了人们在标识牌前停留的时间，保证了交通的流畅和提高了标识牌的使用效率（图5-91）。

（5）关于在景观空间安置标识牌的规划过程中，要先利用景观环境中现有的建筑、树木和铺地等，通过它们之间不同的造型、色彩和材质来使得空间环境具有一定的标识性，营造标识性的建筑、标识性的树木和大门等（图5-92）。

（6）地面固定式和悬挂式的标识牌要注意其高度。要与环境协调，尺度宜人，体量适宜。不能过高或过低，一般小型展面的画面中心离地面高度为14~16m，便于人们的浏览（图5-93）。

图5-91　简洁明了的标识牌
图5-92　标识性空间的营造
图5-93　地面固定式和悬挂式的标识牌

图5-91

图5-92

图5-93

5.8 树池

树池是指围绕在树木四周的一个封闭空间，为树木的根部建造了一个保护区。保护树木根部免受践踏，也防止了树根附近的土壤被踩实变板结，影响植物根部的呼吸作用，为植物提供了一个良好的生长环境。

树池是构成城市和街道景观中的重要元素。它的设计要巧妙地彰显景观环境的特色和营造优美的环境氛围。树池除了作为单独的造景出现，也可以与坡地、铺装、座椅、水体相结合，形成一道亮丽的景观风景（图5-94）。

5.8.1 树池的分类

1. 高台式

高台式树池是指其围合面高于地面的一种形式，高度不固定。最低距离地面的高度为10～20cm，有保护树根、保持土壤的渗水功能。超过30～50cm的树池多与座椅结合设计，高度超过60cm的树池主要是起到划分空间、分车带或者是装饰景观环境的作用（图5-95）。

2. 平地式

平地式树池是指树池的边框或池内覆盖物与地面高度一致。简洁平整的地面有利于人车通行，防止地面不平带来的通行受阻，节约了一定的空间环境。树池的表面通常会安置一个树池箅子，起到保护树根、避免扬土扬尘污染环境的作用。树池箅子形式多样，有图案拼装的人工预制材料富有装饰性，彰显了环境的艺术特色，提升了城市的文化品位。不同的材质，塑造了不同风格的景观环境，营造了不同的视觉效果（图5-96）。

图5-94 与坡地、地铺、座椅水池结合的树池
图5-95 高台式树池

图5-96

图5-96 多种形式的树池
箅子

5.8.2 树池的尺寸

树池的尺寸由树高、树径和根系的大小所决定。树池的深度通常要深于根球以下25cm左右。

树池的尺寸 表 5-2

树高	树池尺寸（m）		树池箅子直径尺寸（m）
	直径	深度	
4~5m	0.8	0.6	1.2
6m左右	1.2	0.9	1.5
7m左右	1.5	1.0	1.8
8~10m	1.8	1.2	2.0

5.8.3 新旧树池的对比

传统树池没有过多的设计，其本质就是保护树木，设计有所欠缺。造型中规中矩，材质单一。重点是与景观环境不协调，没有美感（图5-97）。

现代树池具有艺术特色，装饰了景观环境。造型多样，与环境协调。材质新颖，金属材质简洁有力，现代气息浓厚（图5-98）。

图5-97 普通的传统树池

图5-97

5.8.4 树池的设计要点

（1）现代景观环境讲求协调性、一致性，树池作为景观中的一个功能要素，要同时兼具装饰功能。遵循艺术的设计原则，对树池内的树木、树池边框、表层覆盖材质、树池材质、造型进行全面设计。

（2）对于种植高大乔木的树池内安置的树池箅子不宜采用一次成型的，为了防止树木长粗，要随时调整树池箅子的尺寸，为树干留够充足的生长空间。

（3）在树池内覆盖物的选用上，除了树池箅子外，还可以种植天然的草坪和花卉。增加了景观空间的绿化面积，更具生态性。多应用于分车道树池，有利于吸收道路上的扬尘（图5-99）。

（4）公园、广场、景区是为人们提供游玩、休闲、娱乐的场所，比较容易聚集人群。所以，树池应多与座椅进行结合，以满足人们休息的需要（图5-100）。

（5）道路两旁的步行道通常人流量比较大，并且顾忌行人的通行安全，树池多采用平地式，加盖树池箅子，既节省了空间，又平坦利于通行。

图5-98　时尚的现代树池
图5-99　选用植物作为树池覆盖物
图5-100　与座椅相结合的树池

图5-98

图5-99

图5-100

第6章 景观设计的空间组织形式

6.1 景观空间布局的形式法则

6.1.1 布局形式分类

景观的布局是景观设计的前提和基础，是景观主题和美感的表达。景观的布局形式有三种，规则式、自然式和混合式。

1. 规则式

规则式的布局形式为几何形，追求的是几何图案美。有对称式和不对称式两种。对称式的景观空间用两条相交中轴线或一条中轴线来划分空间，两条中轴线相交于景观空间中心，把空间分割成对称的四个部分（图6-1）；一条中轴线通常位于景观环境的中心，把空间划分成对称的两部分（图6-2）。景观空间的平面布局和各种构成要素都要求严整对称，这样的景观空间给人庄严、雄伟、宁静、秩序井然之感。当景观轴线的相交点不位于空间环境的中心时则是不对称式布局，凸显的不是几何形的布局，而是注重强调空间的视觉重心，这种不对称的景观空间相较于对称形式的空间稍显动感和活泼。

在气氛较为严肃的纪念性园林中多采用对称式布局，例如，北京的天坛、南京中山陵。另外，在18世纪前期，西方园林主要以规则式布局为主，以文艺复兴时期意大利的台地园和17世纪法国园林为代表（图6-3）。

在规则式布局中，景观要素的规划和设计有着浓厚的人工痕迹，追求规则、整齐之美。从地形上看，平原地区多以平地为主，没有大的高低起伏（图6-4）。山地和丘陵地区，则结合倾斜地和阶梯式台地营造景观环境（图6-5）。水体的轮廓为规整的几何形，如有驳岸也是整整齐齐的形式，给人规整之感（图6-6）。建筑采用中轴对称的方式，道路呈直线、折线和几何曲线，构成方格形或环状放射形，贴合整个空间的对称布局形式（图6-7）。绿植以大规模的花坛群为主，利用修建整齐、排列规则的绿篱或绿墙来规划和组织空间（图6-8）。树木也多修剪得整齐一致，或者模拟建筑体形，或者模拟动物形体（图6-9）。

2. 自然式

自然式布局与规则式布局的严谨不同，它追求的是纯天然景观的野趣美，追求的是大自然的真实美。在景观规划过程中摒弃有明显人工痕迹的结构和材料，恢复景观自然的特性，达到虽由人作、宛自天开的景观效果。营造天然的美感，给人们一种回归自然、潇洒怡然的情感体验（图6-10）。

图6-1　两条中轴线对称景观
图6-2　一条中轴对称景观
图6-3　法国凡尔赛宫前园林
图6-4　平地地形
图6-5　起伏地形结合台阶进行设计

图6-6　规则的几何形水池
和整齐的驳岸
图6-7　呈对称布局的建筑
图6-8　几何形绿地
图6-9　对称布局的绿植
图6-10　自然式布局

图6-6

图6-7

图6-8

图6-9

图6-10

在自然式布局的景观空间中，无论是平面布局还是构成要素的分布都比较自由和自然。地形没有较大的起伏和高度的落差，是较为平缓的地形或人工堆积的自然起伏的山丘，和缓而自然（图6-11）。在景观空间的规划中充分利用地形的自然起伏，营造天人合一的景观环境，除了建筑及广场基地外很少采用人工阶梯的形式来改造地形。水体设计也是采用自然的轮廓曲线，有驳岸的多以自然山石堆砌而成，充分展现自然的美（图6-12）。

水景的类型有弯曲的河流、绵延的溪涧、自然跌落的瀑布和湖泊等，以贴合自然的造型，呼应整个景观空间的特性（图6-13）。建筑在这样的空间中有对称和不对称两种格局，但在大规模建筑组群多采用不对称均衡的布局。道路是引导人们游览的路线，是控制景观空间游览顺序的重要指引，其形式按照整个景观空间的景观节点、功能分区和建筑物的轮廓进行设置，自然的轮廓线营造出曲径通幽的观赏情趣（图6-14）。景观空间里的植物布置以交错、散落的

图6-11

图6-12

图6-13

图6-14

图6-11 平缓的地形
图6-12 自然堆积的驳岸
图6-13 弯曲的溪流
图6-14 曲径通幽的道路图

方式为主，避免成行列式，以凸显大自然中植物群落组合的自然美，并用自然的树群、树丛和树带来划分和组织景观空间（图6-15）。花卉以自然形态配置，有大片的花丛和不做人工修剪的绿篱等（图6-16）。

3. 混合式

混合式景观布局是将规则式和自然式布局两者的特点结合在一起。在一个空间布局中，某些区域采用规则式布局，如广场、建筑等，另外一些区域采用自然式布局，如绿植、水体等。将两者的风格按照统一和变化的规律灵活运用，营造出一个严肃又不失活泼的空间氛围（图6-17）。

混合式布局的特点就是把一些景观元素以规则式的布局形式展现出来，另外一些构成要素表现为自然式，两者相互融合。例如，在园林的景观布局中，水池呈现自然式布局，喷泉、瀑布等景观元素则呈现自然式（图6-18）；园区主路呈规则式，辅路以自然式的形式营造出曲径通幽的效果；在绿植的布置中，区域边界的植物多采用规则式的行列布局充当围墙，起到阻隔和分区的作用，而区域里面的植物多呈自然式的丛植形式（图6-19）；主体建筑物多采用规则式布局，附属的小型建筑和单体建筑则采用自然式布局。这种混合式的布局形式灵活自由，可充分利用景观中的灰色空间，提高了园区面积的利用率。

混合式布局的表现形式有三类，一类是通过规则式的景观元素来营造出自然式的布局，如欧洲古典贵族的庭院；第二类是自然式的景观元素呈现规则式的布局，例如北京的四合院，建筑是规则的几何形式；最后一类则是规则的硬质景观构成元素和自然的软质景观元素相组合，多用几何形的硬质铺地材料和软质的植物结合在一起，寻求一种景观空间的和谐性，营造出自然的环境。

图6-15　植物群落
图6-16　花丛
图6-17　混合式布局

图6-15
图6-16
图6-17

图6-18 规则式水池中营
造自然式跌水景观
图6-19 规则式绿篱充当
自然式植物群落的边界

图6-18
图6-19

在景观空间布局时，某区域采用自然式和另外区域采用规则式时，应注意两者区域之间的过渡要平和、自然，要联系密切，避免生硬和过渡差异太大，造成风格的剧烈变化。可以在两个不同布局形式的区域间设置过渡空间，利用某些景观要素或者景观点来呼应整个空间，促使整个环境融为一体。

4. 抽象式

除了规则式、自然式和混合式的布局类型外，还出现了一种新兴的布局方式，抽象式园林布局形式。这种形式的特点是把景观中的美学要素和自然景观加以高度概括，通过新材料、新技术，运用概括、提取、变形、集中等手法呈现出具有时代感和创意性的布局方式。既超越了规则式的整齐划一，又不像自然式的真实随意，比规则式富有灵活和变化，比自然式的流畅线条更具规律性，追求的是美观性、装饰性和规律性（图6-20）。景观元素彰显着时尚现代的气息，明亮的色彩、规律的流线、纯净的质感、恰当的比例和极具美感的均衡都融合到一起，呈现出时尚感十足的景观环境。

6.1.2 景观布局形式的选择

一个景观空间采用什么样的布局形式，要根据地形地貌、用地面积、用地的环境、功能、性质、服务对象及使用者的文化层次来决定。综合这些因素进行设计，才能创造出一个惠及大众的景观环境。

景观布局形式的选择也有着一定的规律可循。整个景观所处的周围环境较为规整，景观空间的绿地形式多采用规则式设计，达到与周边环境的协调一致。相反，周围环境较为复杂多变，则采用自然式的布局方式。周围气氛较为热闹时，多采用规则式布局；若较为安静，则采用自然式布局。从景观空间的面积大小来看，面积大且外形不规则，以自然式布局为主；地形平坦开阔则比较适合规则式布局；地形起伏较大适合自然式布局，这样从一定程度上避免了人工营造自然式布局中起伏地形的麻烦。从使用者角度考虑，营造热闹的空间环境应以规则式为主，安静的环境以自然式为主。从造景的目的来讲，为了突出景观的观赏性，以规则式设计为主，为游客创造游览性景观则以自然式设计

图6-20　抽象式景观布局

图6-20

为主。在一些功能性场所营造景观，如学校、工厂、行政单位等，要考虑使用对象的年龄、文化层次等，针对使用者的特点，以大多数人的使用要求为主，适当满足其他层次的使用者的要求，达到雅俗共赏的效果。

在景观设计过程中，具体设计方案的选择要根据实际情况，因地制宜，灵活运用，选择合适的景观设计方案。要结合地方特色、民族风格、文化传统、社会要求及时代特点来规划设计，营造出既有共性又有个性、实用与美观并存的景观空间。

6.1.3　景观布局的一般原则

景观空间在开始构图前，要先确定景观的主题思想、空间的面积、地形、景观的功能、性质、用途、使用人群的特点、文化层次等，所谓意在笔先，先把这几方面掌握好，才能塑造出成功的景观环境。景观空间的构图要考虑工程技术、材料要求、生物学要求以及经济的可行性这几方面的客观因素。

（1）景观空间的性质和功能决定了景观中的设施和布局形式。纪念性园林多采用规则式布局，观赏性园林采用自然式布局。景观设施的造型也做出相应的设计，符合景观的性质和功能。

（2）按照功能和主题分区，每个区域各有主题，又相互关联，加强景观的连续性，避免杂乱无章，园中有园，变化多端以化整为零，最终又聚零为整达到景观的统一协调。

（3）景观布局中的每个区域都要有自己独特的主题和特点，有主次景，突出主题，渲染情感，用配景扶持，避免喧宾夺主。

（4）自然式景观布局中，根据景观空间的地形，再结合周围的景观环境，巧妙设计，不留人工痕迹，达到"虽由人作，宛如天开"的景观效果，避免矫揉造作。

（5）营造诗情画意的意境是自然式景观的精髓，将现实景观中的自然美提炼为艺术美，达到诗画中美的境界，使人们触景生情，产生共鸣，体悟情景交融的诗情画意美。

6.2 景观空间形态的构成原理

景观空间的构成元素多种多样，各种元素相互组合构成形式优美的景观空间。各元素的组合遵循一定的规律和原则，构成协调统一的景观环境。

6.2.1 多样与统一

多样与统一是景观环境构成中最基本的形式美法则，无论是雕塑、建筑还是园林，不论其形式有多大的变化和差异，都遵循这个法则。统一的手法就是在景观环境中寻找各要素的共性，如风格、形状、色彩、材料和质感等，这些方面的协调统一通过对景观组成要素的色彩、形体等的设计来予以实现（图6-21）。在这几个要素统一协调的基础上，根据景观环境表达的重点进一步设计，表现景观特点，丰富景观空间的层次和内涵。

在景观设计过程中，首先要取得整体环境和风格的统一。一个景观空间要根据其场地、周边环境、景观的功能、性质、目的和服务群体等这几个因素确定好主题，表现出整体格调。再将这一格调贯穿于整个景观环境的各部分组成要素中，完成风格的统一。接下来，对各组成要素进行设计，达到每一要素既有独特的个性，又能相互之间和谐地统一，创造协调的景观环境。变化又有秩

图6-21 形体和色彩的统一的景观空间

图6-21

图6-22

图6-23

序是景观造型艺术的重点，避免只注重多样性而呈现的杂乱无章，也避免只求统一性而呈现的单调呆板，在设计过程中要协调两者之间的关系，营造具有美感的视觉环境。

图6-22　墨西哥市五彩的左卡洛广场

图6-23　吸引视线的景观中心位置

　　多样与统一的设计法则是营造协调的景观环境，各元素既有独自的特色又相互关联。例如，墨西哥市五彩的左卡洛广场的主题为休闲娱乐，设计时就采用了充满活力的明亮色彩和圆润的几何形状，其他的构成元素也是以整体的色彩和形状为主，稍作变化，统一于整体的景观环境中，使得设计显得既协调统一又丰富多变（图6-22）。

6.2.2　主从与重点

　　事物都有主次与重点之分，表现主与从的关系。如植物的花与叶、干与枝等，主从结合共同构成一个完整的统一体。那么，我们在进行景观空间的设计时就要合理安排好各个景观要素主从关系，哪一要素是占主体地位，哪一要素是起从属作用，凸显出景观的重点和主题。如果各要素都均衡分布，那么整个景观环境就会失去特色，内容单调、乏味无奇。

　　根据人的视觉特性，景观的中心位置会产生强烈的视觉冲击力和吸引力（图6-23）。在景观设计中留有视线停留点、处理好景观小品的从属关系，使得景观空间有观赏的重点，彰显景观空间的主题。

1. 主与从

主从关系主要体现在景观元素的位置不同、造型差异、所占比重大小等方面，在处理两者关系时要相互呼应，通过这样的方式产生联系，保证景观空间的有机协调性。从布局位置上显出差异，凸显重点。

通常采用对称的构图形式，主体位于中央，附属位于主体周边呈对称形式，陪衬以突出主体。左右对称的构成形式多用于严肃、庄重的景观环境中，如纪念性园林、政治性景观空间等（图6-24）。

2. 重点和一般

景观环境中的重点元素是相对一般元素来说的，重点与一般结合构成统一的空间环境。重点元素要处于重要的位置，比如景观空间的中心，一定是视觉停留点，有着吸引视线的作用（图6-25）。在对它的处理上要刻画细节，再用一般元素进行点缀和陪衬，突出重点。

图6-24 对称式景观
图6-25 景观中心的重点元素和周边的一般元素构成统一的空间环境

图6-24

图6-25

6.2.3　对称与均衡

对称与均衡是人们经过长期的实践经验从大自然中总结得出的形式美法则，在自然界中的很多事物都体现着对称和均衡，比如人体本身就是一个对称体，一些植物的花叶也是对称均衡的。这种对称均衡的事物给人以美感，因此，人们就把这种审美要求运用到各种创造性活动中。

德国哲学家黑格尔曾说过，要达到平衡与对称，就必须把事物的大小、地位、形状、色彩以及音调等方面的差异以一个统一的方式结合起来，只有按照这样的方式把这些因素不一样的特性统一到一起才能产生平衡和对称。

1. 对称

对称是指一条对称轴位于景观空间的中心位置，或者是两条对称轴线相交于景观空间的中心点，把景观分割成完全对称的两个部分或者四个部分，每部分视觉感均衡，给人安定和静态的感觉。对称给人稳定、庄重、严谨和大方的感觉，如中国的故宫，以一条轴线为主，两边呈对称形式，彰显了皇权的威严和至高无上。在现代景观设计中，对称多体现在景观布局中的植物、水体的设计上，但要灵活、适当运用对称这一形式美技法，否则过于严谨的对称会使景观呈现出笨拙和呆板的感觉（图6-26）。

图6-26　植物和水体设计中的对称布局

图6-26

图6-27　对称均衡
图6-28　非对称均衡

图6-27

图6-28

2. 均衡

均衡是指事物两边在形式上相异而在量感上相同的形式。均衡的形式既变化多样，又强化了整体的统一性，带给人一种轻松、愉悦、自由、活泼的感觉，常出现在景观小品的设计中。那么，在景观环境的设计中，为了使景观小品造型上达到均衡，就需要对其体量、色彩和质感进行恰当的处理。其中，构图、空间体量、色彩搭配、材质等组合是相对稳定的静态平衡关系，光影、风、温度、天气随时间变化而变化，体现出一种动态的均衡关系。

（1）静态均衡

静态均衡包括对称均衡和非对称均衡两种。在景观设计中，常运用对称均衡来突出轴线，凸显景观设计的中心（图6-27）。非对称均衡的景观要素相对要灵活和自由一些，通过视觉感受来体现，给人轻松、活泼和优美的感觉，现代的景观空间设计中，多采用非对称均衡的设计手法（图6-28）。

（2）动态均衡

动态均衡是通过持续的运动得以实现的，如行驶中的自行车、旋转的陀螺和转动的风车等，都是在运动的状况下达到平衡的。那么，人们在欣赏景观时通常有两种方式，静态欣赏和动态欣赏。尤其是欣赏园林景观时，以动态欣赏为主，那么，中国古典园林所展现的步移景异的造园思想就是运用了动态均衡的方式来造景的。在现代景观设计中，要把握好静态均衡和动态均衡，在持续的景观观赏过程中实现景观的动态平衡变化。

6.2.4　对比与协调

对比与协调可以丰富环境的视觉效果，增加景观元素的变化和趣味，避免了景观空间的单调和呆板。在一个整体的景观环境中，对比与协调作为一种艺术的处理手法融入景观各组成要素之间。对比是针对各要素的特性而言的，对比就是变化和区别，突出某一要素的特征并加以强化来吸引人们的视线。但对比的运用要恰当，采用过多的话会导致空间显得杂乱无章，也会使人们情绪过于异常，如激动、兴奋、惊奇等，易产生视觉疲劳感。协调是强调整个景观环境之间或者各构成要素之间的统一协调性，协调的景观环境给人稳定、安静感。但如果过于追求协调则可能使景观环境显得呆板。因此，在景观设计中，处理好这两者之间的关系是营造成功的景观环境的重要因素。

在景观设计中，要根据景观环境的使用功能和服务人群来决定对比和协调的所占比例大小。例如，在以休息和休闲为主的小区环境中多采用协调的设计手法，打造安静、平和、稳定的空间环境（图6-29）；在以娱乐为主的广场空间，多采用对比的设计手法，给人强烈的视觉感受（图6-30）；从服务人群来讲，老年人使用的景观空间采用协调的设计因素，儿童使用空间采用对比的设计因素，满足使用者的生理和心理需求（图6-31）。

图6-29

图6-29　色彩相协调的空间环境

图6-30　色彩相对比的空间环境

图6-31　色彩相协调的老年空间和成对比状态的儿童空间

图6-30

图6-31

1. 对比

对比是指景观构成要素之间有着显著的差异，对比存在于很多方面，如材质、色彩、大小、方向、表现手法、虚实、强弱和几何形对比等。材质对比是指材料本身的色彩、纹理、光泽和质感的对比，用于营造不同的景观效果（图6-32）。色彩对比就是色彩三元素的对比，色相、明度和饱和度以及冷暖的对比，主要表现为补色及原色对比（图6-33）。大小对比常用于景观小品的造型中，用体量的大小来相互对比以突出景观主题和情调重点。方向对比用于表现事物的朝向问题，如景观小品造型的垂直走向、水平走向或倾斜走向等（图6-34）。不同的方向对比可使小品造型产生一种动感或均衡感。表现手法对比是指景观形体的大小、方圆、高低及粗细对比，还有物品材料的软硬对比等（图6-35）。虚实对比是对景观功能和主题表现手法来说的，营造景观的过程中要注重虚实的结合，丰富景观空间的层次感（图6-36）。

图6-32 材质对比
图6-33 色彩对比
图6-34 景观造型元素结合绿化的水平走向
图6-35 表现手法对比
图6-36 虚实对比

图6-32

图6-33

图6-34

图6-35

图6-36

图6-37　协调的景观环境

2. 协调

自然界是一个协调统一体，景观自然也不例外。在进行景观设计时，要遵循"整体协调、局部对比"的原则，就是指景观环境的整体布局要协调一致，局部空间或者各要素之间有一定的过渡和对比（图6-37）。既保证景观环境的完整统一性，又增加景观的趣味性。

6.2.5　节奏与韵律

韵律和节奏又合称为节奏感。生活中的很多事物和现象都是具有韵律和节奏感的，它们有秩序的变化激发了美感的表达。韵律美的特征包括重复性、条理性和连续性，如音乐和诗歌就有着强烈的韵律和节奏感。韵律的基础是节奏，节奏的基础是排列，也可以说节奏是韵律的单纯化，韵律是节奏的深化和提升。排列整齐的事物就具有了节奏感，强烈的节奏感又产生了韵律美。

在景观环境的设计中，多采用点、线、面、体、色彩和质感来表现景物的韵律和节奏，来展现景观的秩序美和动态美。尤其在景观的竖向空间设计中，可以体现丰富的韵律和节奏变化，给形体建立了一定的秩序感，使得景观空间变得生动、活泼、丰富和有层次感。

1. 节奏

节奏表现为有规律的重复，如高低、长短、大小、强弱和浓淡的变化等。在景观空间的设计中，常运用有规律的重复和交替来表现节奏感，景观构成元素的排列进行有间歇的相互交替（图6-38）。

图6-38　景观空间的节奏性

2. 韵律

韵律是一种有规律的重复，建立在节奏的基础上。给人的感觉也是更加的生动、多变、有趣和富有情感色彩。韵律有以下几种不同的表现形式：

（1）连续的韵律

以同一种形式组成的个体或单元重复出现的连续构图形式叫做连续韵律。各要素之间保持固定的距离，秩序性和整体感强，呈现出单纯的视觉效果（图6-39）。但是，某些简单的构成元素会略显单调和枯燥，难以吸引人的视线，如行道树的排列、路灯的布置。

（2）渐变的韵律

单个要素或者连续的要素在某一方面按照一定的规律和秩序进行变化叫做渐变韵律。是指要素在形状、大小、色彩、质感和间距上以高低、长短、宽窄、疏密的方式形成的渐变韵律。渐变的方式不同带给人们的感受不同，如间距的渐变给人生动活泼的感觉，色彩的渐变给人丰富细腻的感觉等。渐变的韵律增加了景观环境的动态感和生机（图6-40）。

（3）起伏的韵律

起伏韵律，顾名思义，营造的是犹如波浪起伏的景观形态。按照一定的规律，或减少、或增多，或升高、或下降。这种韵律有着不规则的节奏感，使整个景观空间显得更加活泼生动和富有运动感（图6-41）。

（4）交替的韵律

交替韵律是指各组成因素按照一定的规律穿插、交织并反复出现的连续构图形式。在交替韵律里的组成因素至少有两个进行相互制约，表现出一种有组织和有规律的变化。这种韵律形式通常出现在景观构图中，丰富了景观的层次感，适合用于表现热烈、活泼、生动的具有秩序感的景物。例如，花池中用不同颜色的花朵交替组合形成的韵律，不同颜色的铺地交替出现形成的韵律等（图6-42）。

图6-39 连续的韵律

图6-39

图6-40　间距渐变、色彩渐变以及大小渐变
图6-41　起伏韵律

图6-40

图6-41

图6-42 花池和铺地中的
交替韵律

图6-42

6.2.6 比例与尺度

在景观设计中，视觉审美还受景观环境的比例和尺度的影响，比例和尺度适宜则营造的景观环境优美、大气，使观者赏心悦目。

1. 景观环境的比例

比例是指一个事物的整体与部分的数比关系，是一切造型艺术的重点，影响着景观空间是否和谐，是否具有美感。景观环境的美是由度量和秩序所组成的，适宜的景观比例可以取得良好的景观视觉表达效果，古希腊的毕达哥拉斯学派提出了关于比例展现美的"黄金分割"定律，探寻自然界中能够产生美的数比关系。

比例贯穿于景观设计的始终，是指景观的整体与部分或者各个组成部分之间的比例关系。如景观的整体功能分区，每个区域所占的比例，是否与其本身的功能相符，是否能满足景观环境的功能需求等，或景观的人口部分在整个景观面积中所占的比例。另一方面是景观组成部分之间的比例问题。一个儿童活动区域，硬质铺装面积与软质铺装面积所占的比例，植物所占的比例与整个儿童区域面积的比例等，是从景观的微观角度来考虑的比例问题（图6-43）。

2. 景观环境的尺度

比例是一个相对的概念，表现的是各部分之间的数量关系对比和面积之间的大小关系，不涉及各部分具体的尺寸大小。而尺度是指人的自身尺度和其他物体的尺度之间的对比关系，研究景观的构成元素带给人们的大小感觉是否适宜，涉及每个物体的真实尺寸数据。尺度的控制是至关重要的，与人相关的物品，都有尺度问题，如家具、工具、生活用品、建筑等，尺寸大小和形式都与人的使用息息相关。对这些物品的尺寸设计要合理，要符合人体工程学，要形

图6-43　儿童游乐设施应充分考虑儿童的比例

图6-43

成正确的尺度观念。但在景观设计中，常常使人忽略尺度的观点，原因可能是景观空间过大，或者是许多景观构成要素要考虑诸多设计因素，如环境因素、人文因素、功能因素等。

在处理景观环境的尺度关系时，可通过一些景观设施来确定景观的尺寸，如座椅、围栏等。在一些特殊主题的景观空间中，可利用超现实的尺度塑造特殊的空间效果，如纪念性空间中，用夸大尺度的形象来渲染宏伟壮观的景观氛围，让置身其中的人们感到自身的渺小，产生敬畏之情（图6-44）；在儿童主题公园里，利用缩小尺度的手法营造小人国，让儿童置身微观世界，体验巨人的强大气魄（图6-45）。

6.3　景观空间设计的思维方法：组织技巧、布局、构思、艺术处理

对景观空间进入设计阶段时，首先要对场地进行概念性和功能性分析；其次是将景观设计的概念转为具体的布局形式；最后，要通过艺术处理方法将空间布局更加完善丰富。设计阶段的思维方法要遵循景观设计实用性和艺术性相结合的原则，从景观空间的功能实用性出发，在此基础上，以艺术性的思维方法进行思考，运用形式美法则将景观空间打造成为赏心悦目的环境。综合来讲，景观空间的思维方法就是从方案的概念阶段到具体形式，由空间的实用功能到美学功能的演化。

图6-44

图6-45

图6-44　放大尺寸的火炬
图6-45　缩小尺寸的小人国

图6-46　气泡图

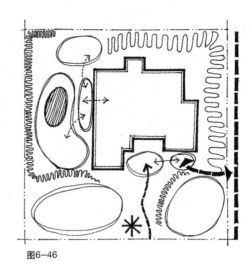

图6-46

6.3.1　概念规划设计

在景观空间设计的概念思维阶段，需要对场地进行分析和初步的构思。画示意图时，较多使用符号和气泡图来表示空间的用途（图6-46），避免在开始阶段试图使用一些具体的形式和形象来表示空间的范围。在这个阶段，是对场地进行概念层次的组织设计，需要标明表面覆盖材料，例如硬质铺装、水面或是草坪和种植区等，可不涉及设计细节，诸如质感、颜色、形式和图案等。

1. 构思

景观构思追求创新，即环境要有特色和新意。创意和特色是环境景观的灵魂，赋予空间以活的灵魂，需要清楚空间的特点、性质，并明确恰当地主题，适当地赋予景观以隐喻的象征意义。在景观设计中要把客观存在的"境"与主观构思的"意"相结合。如拙政园中一景，取名"与谁同坐轩"，用诗句创造了与明月、清风同坐的意境。

2. 场地特质

设计一个场地，首先应了解一个场地的特质，所谓了解场地的特质是指在设计初始阶段应了解场地的优势和劣势以及可开发的潜能，分析和设想景观在城市人文环境和自然环境中的特点与效果，因地制宜地对其做出规划。进行景观设计时，场地内的现存植被原则上需要保留，在设计草图上应标注现存植被以及水流等自然景观的位置。

3. 主题特色与文化

一个城市的首要魅力是其历史、文化与特色，没有历史文化的城市就像没有灵魂的躯壳一样，没有未来；无论在任何功能空间中，任何景观都需要独有的特色。例如王府井商业街作为北京商业街的代表，需要有一个空间让它来展示其历史，体验其文化，感受其魅力。其展示内容可以是关于王府井商业街的发展历史，既可以了解历史、感悟现在，也可以对未来的王府井商业街的发展

图6-47　遂昌金矿上元茶
楼和金池
图6-48　日本枯山水

方向有所把握；也可以展示关于北京的文化、现代艺术等，让北京的或者外地
的游客在游览北京时，给自己或孩子以文化历史或者艺术的熏陶。把这类的空
间比重扩大，不仅是传承和诠释王府井商业街历史文脉的重要手段，也是提升
王府井商业街文化魅力的有效措施。[①]

　　在设计任务的开始，虽然一个景观可以没有主题，但对于有特殊意义和主
题目标的景观要确定其主题。

　　在遂昌金矿遗迹的保护及矿山公园的规划和建设中，两个历史文化典故都被
有效地运用到景观设计之中。文天祥在组织抗元军队时曾征召遂昌金矿矿工加入
义军，"文山"、"正气亭"、"夜坐亭"、"夜起亭"借文天祥命名及修建，此外观赏
翠谷桃溪的古廊桥及刘基听泉景点也都是借历史典故而命名；景区内的上元茶楼
源于"草鞋换粥"的故事，初唐上元年间，一位李姓商人在此修建茶楼以免费向
矿夫、瑶役提供米粥和新草鞋，换回他们脚上的旧草鞋。因为旧草鞋上都沾满了
金矿的矿石末，每双"旧草鞋"一次可以洗下矿粉200g，按当时金窟富矿石的品
位和人数计算，一年就可得黄金0.75kg、白银15kg（图6-47）。[②]

　　4. 象征意义

　　景观可以由一种物体来代表或象征，例如日本枯山水，以沙为水、石为
山，象征着人在山水之间（图6-48）。

①　见参考文献［10］
②　见参考文献［11］

图6-49 南京大屠杀纪念馆入口景观

图6-49

5. 景观叙事性

景观叙事赋予空间更多的意义与内涵，可以通过景观元素的序列、空间的开合、转折来叙述故事；也可以通过雕塑和石头上的刻字来展开景观的故事性。南京大屠杀纪念馆的入口，人们从断裂的石头中穿过，象征着惨案带给人类的创伤（图6-49）。

6.3.2 功能

空间首先应具备完善合理的功能，其次才是艺术性，没有功能性支撑的环境景观必定是不适宜的。空间的功能要根据不同使用人群和用途做详细的划分，而空间的共同设施包括景观空间的出入口、道路交通、防护围栏、景观节点以及建筑物。

（1）出入口

用带有方向性和指示性的箭头来表示，区分主要的出入口和次要的出入口，以不同大小和形状的箭头分别表示出来。

（2）交通道路

景观空间中道路系统表示方法，用带箭头的流线来示意（图6-50），注意区分机动车和非机动车通道的交通道路线，可用简单的细线表示人流的动向，用较粗、颜色较重的线条表示车行通道；还可用不同的线型表示不同类型的通道，如工作人员的便捷通道和游客的观赏路线。

（3）防护围栏

限定一个空间的边界和围栏可用竖向的短线表示垂直元素（图6-51），如挡土墙、景墙、栅栏、堤岸等。为表示防护栏的通透性的强弱，可以通过对纵向分割线条的粗细和间距做适当调整。

（4）景观节点

用"米"字符来表示人流活动的聚集点以及景观的节点（图6-52）。而用点划线的线型，可以表示景观轴线的位置。

（5）功能分区

首先要确定空间内各个功能区的面积大小，以及功能区在景观空间的大致位置，然后用易于识别的气泡状圆圈表示出来（图6-53）。场地的功能分区可以有安静的冥思空间、游憩区、互动区、观赏区等。具体的景观分区根据特定的场地来进行。

（6）现存物

已建设好的或预留的建筑物和景观构筑物的位置、大小应提前标注出来，并且要标注建筑的主出入口，为方便道路和功能区的安排布置。另外，场地中原有的溪流、植被需要标注出来，在可能的情况下，尽量保护现存的植物。

6.3.3　从概念到形式的演变

景观设计的初步概念得出之后需要将概念化的图示转化为具体的平面图这一过程中，关系到景观在平面上的形式美。形式发展的过程涉及两个方面的内容：一是利用几何形状作为参照主题，将环境中的各个元素遵循所选取几何形的秩序法则布置，形成规则的有秩序性、统一性的空间，城市中广场和纪念性景观等运用此类手法较多；二是利用自然形式作为主题，相对于规整的几何形式布局，自然形给人以柔和、亲近的感受，通过运用随机的线条和形象化的曲线能够给空间带来更多的变化。

1. 几何形式的演变

运用简单几何形的重复和组合可以变换出有规律甚至有趣味的设计形式，常用的形式有矩形、圆形以及多边形。将几何形的结构和主题结合到设计中来的最佳办法是运用透明硫酸纸的叠加，或将CAD软件中的图层相叠加。把概念性方案图纸放在底层，覆盖几何透明图层，再附上一层透明硫酸纸勾勒出演化的设计方案（图6-54）。

图6-50　交通流线
图6-51　防护围栏
图6-52　景观节点
图6-53　功能分区

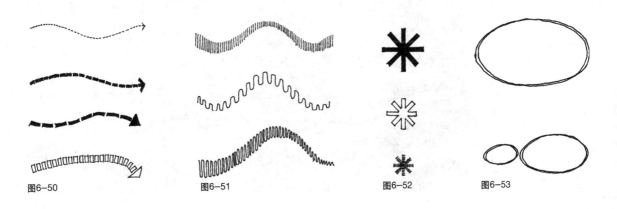

图6-50　　　　　　　图6-51　　　　　　　图6-52　　　　　　　图6-53

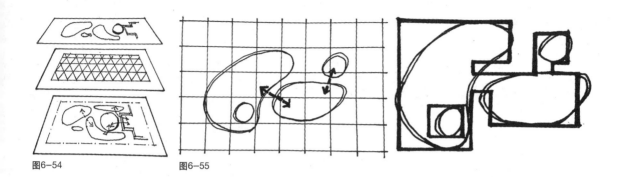

图6-54

图6-55

图6-54　演变过程
图6-55　矩形主题从概念
到形式的演变过程

（1）矩形主题

矩形是与常规的建筑形状类似，且容易与建筑搭配的一种最简单常用的几何元素主题。矩形主题经常被用在要表现正统思想的基础性设计，在建造过程中也十分轻松、便捷（图6-55、图6-56）。

（2）圆形主题

圆形也是景观中最为常用的一种几何形状，圆形也是可以形成最多变化的形状。不同程度的变形带来各异的视觉效果：多个圆形的拼接组合可以形成活泼俏皮的空间；同心圆的运用加强空间的向心性；圆弧形的构成给空间带来活力和变化；椭圆形的几何式增添了动感和严谨的数学形式（图6-57、图6-58）。

图6-56　矩形主题设计实例

图6-56

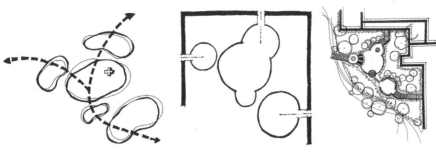

图6-57

图6-57　圆形主题从概念到形式的演变过程

图6-58　圆形主题设计实例

图6-58

（3）锐角主题

三角形具有稳定性，在景观设计中，运用三角形主题进行规划设计，必然会产生两个尖锐的锐角，因此要谨慎使用。合理的使用三角形主题能够带来强烈的视觉冲击力，能够形成时尚、夺目的景观环境（图6-59）。

（4）多边形主题

常用作形式主题的多边形有六边形和八边形，这种角度带有一定的张力。但除非特殊需要，尽量谨慎使用锐角，因为锐角不仅给人视觉上以不舒服的感受，还给景观的围护带来不必要的麻烦（图6-60、图6-61）。

图6-59 锐角形式的运用具有强烈的视觉冲击力但应谨慎使用

图6-59

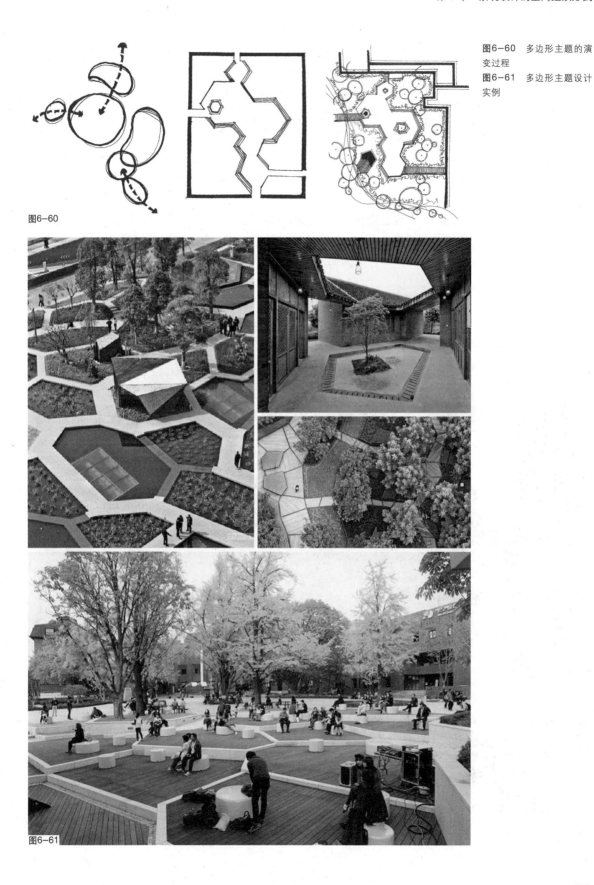

图6-60 多边形主题的演变过程

图6-61 多边形主题设计实例

图6-60

图6-61

2. 自然形式的演变

设计的场地符合自然规律则盲目追求规则式布局是不可取的，应减少人为干预景观，尤其是开阔的自然保护区和生态敏感的地区。设计应从生态设计的本质出发，进而使人类最低程度地影响生态系统。采用对自然的模仿、抽象或者类比这些自然形式的线条和布局能够使人造景观更好地融入自然景观之中。模仿的目的是追求相似，所以模仿自然形体时要注意不造成大的差异；抽象是从大自然精髓中提取元素，并且对其进行再设计；类比来自于自然，却超出自然。

（1）自由曲线

自由曲线是最普遍的形态，"直线属于人类，曲线属于上帝"，高迪对曲线给予了高度的赞誉，也可以在他的作品中发现较多运用海洋的波纹曲线、骨骼的曲线等。这些曲线的运用，使建筑以及景观能够营造出梦幻、神话、非现实的空间（图6-62）。曲线存在于自然界的各个角落，蜿蜒的河流、弯曲的海岸线、层峦起伏的山脉等（图6-63、图6-64）。

（2）螺旋线

螺旋形，如旋转楼梯的造型，可以从海螺、蜗牛、海浪以及植物等形态中提取出来的，在三维空间中模仿了自然界中的螺旋形，有悦目的造型。运用螺

图6-62 高迪作品中曲线的运用

图6-63 自然景观中的曲线

图6-64 曲线在景观设计中的造型

图6-62

图6-63

图6-64

图6-65

图6-66

旋形的反转、重组，可以形成丰富的平面构成形式（图6-65）。

（3）不规则折线

自然界不规则的折线多出现于岩石、冰层的断裂处等。在景观设计中，不规则折线有着直线没有的张力和动感，能给空间增加冒险性和趣味性。在运用折线时应尽量避免小于90°的锐角，原因在于锐角不仅会增加施工的困难、不利于景观的养护，而且使空间十分受限（图6-66）。

6.3.4 艺术处理

景观空间设计从思维方法的角度来看，进行了概念分析和形式推敲后，要考虑的是艺术处理的一些手法以及组织原则，还要清楚景观空间的艺术性所表现在哪些方面，应该如何彰显景观空间的艺术特征。

1. 组织原则

通过上一节所讨论的思维方式以及形式演变过程和组织技巧，虽然对具体设

图6-65 螺旋线主题构成的景观设计
图6-66 折线主题形成的景观趣味性和强烈的视觉效果

计有一定的作用，但还需要一定的艺术处理手法和组织原则。统一性、协调性是需要始终贯穿于设计的整个阶段的，也就是从概念性阶段到最终的方案细化阶段。

（1）统一性

统一性就是使单体具有整体的共性，把不同景观元素组合成有序的主题。创造统一性的方法包括对线条、形状、材料或颜色的重复，通过聚合能产生一定的统一性，但重复和聚合需要一定的技巧，完全相同的大面积重复会带来乏味感，但无序的重复又会使空间杂乱无章，这就需要在满足统一性的前提下，适当变换重复的内容，组织有序的聚合（图6-67）。

（2）协调性

协调性就是我们加入的设计元素与其所在的周围环境保持一致的一种状态。与统一性所不同的是，协调性是针对各元素之间的关系而不是就整个画面而言的。达到协调性的关键在于保持空间过渡的流畅性、协调不同元素之间的缓冲区域。协调的布局应在视觉上给人以舒适感，避免产生紧张感和冲突感（图6-68）。

2. 空间的艺术性

环境景观具有实用性和艺术性的双重作用。但是，在不同性质和功能的景观环境中，这两者的作用表现得并不均衡。相对来说实用性较强的环境中，景观设计现实使用效果是需要首先体现的，艺术处理相对来说处于次要地位。不过也有例外，艺术处理在政治性和纪念性园林中占主体地位，用于表现政治性景观的庄严和纪念性景观的威严，使观者产生尊重和敬畏之情。

环境景观的艺术设计体现的不仅是艺术性的问题，而且要有着更深层的内涵。一个时代可以通过环境景观的艺术设计体现出它的时代精神，一座城市可以通过它体现出其具有的历史时期的文化传统的积淀。

（1）景观空间的造型

良好的比例和适当的尺度是比较完美的环境艺术设计首要追求的目标。为

图6-67 景观的统一性
图6-68 各个元素之间应保持一定的协调性

图6-67

图6-68

图6-69　景观空间各元素
图6-70　庄重的景观
图6-71　放松休闲空间

了更好的凸显景观环境的艺术特色和个性，首先环境景观应具有良好的造型和平面布置，其次充分利用空间组合以及与细部设计的结合搭配，最后要充分考虑到材料、色彩和建筑技术之间的相互关系（图6-69）。

（2）景观空间的性格

景观空间是有自己性格的，这取决于每个景观环境的内容、性质和主题，并通过景观空间的各构成要素的形式和特点来表达景观的形象特征。例如，政治性和纪念性的景观构成要素的形式表现的是庄重、严肃的特性，让人产生敬畏和尊重之情，如莱克伍德公墓陵园景观设计，展现了一幅空旷、和平的风景，伴着静静的倒影池以及沉思的壁龛（图6-70）；而商业和休闲娱乐性质的环境景观设计形式要充分表现出设计形式中的自由、轻松、优雅的特性，给人放松和愉悦之感（图6-71）。

（3）景观空间的时代性、民族性和地方性

具有一定特征的景观环境体现着时代感，可以从景观环境的布局形式、景观元素形式、材料、工程技术以及艺术手法上体现出来，彰显着这个时代的精神追求和风格特征。景观环境中所展现的传统文化、乡土风情和地域特色也体现着景观的民族性和地方性，从王澍的作品中能深刻感受到中国的文化背景（图6-72）。

图6-72　王澍作品中显现
出的民族性特征

6.4　景观空间设计手法

景观空间设计的实质就是营造一个兼具实用与美观的景观环境，既有一定的使用功能，又有一定的美观和意境的环境。

6.4.1　主景与配景

一个完整的景观环境中要有明确的观赏重点，那么在设计时就要有主景和配景之分。主景是整个空间的重点和核心，通常在构图的中心。能够体现景观的功能和主题，吸引观者的视线，引发共鸣，产生情感，富有艺术感染力。主景按照其所处的空间位置不同，包括两方面的含义：一个是指整个景观空间的主景，如趵突泉是整个趵突泉公园的主景（图6-73）；一个是指景观中被构成要素分割的局部空间的主景，如趵突泉里的主景是观澜亭（图6-74）。

主景突出主题，配景衬托主景，两者相互配合，相得益彰。可以通过以下几种方法来突出主景：

1. 主景位置的高低法

主景要突出其在景观空间中的重点作用，使景观构图鲜明，可通过处理地形的高低，吸引人们的视线，通过人们俯瞰和仰视来感受主景的主体地位。中

图6-73　趵突泉
图6-74　观澜亭

图6-75　升高主体
图6-76　降低主体
图6-77　位于中轴线上的故宫三大殿

国园林景观中通常采用升高地形的方法来突出主景，主体建筑物常安置在高高的台基上，比如，天坛的祈年殿有着很高的基座，高大的主体吸引人们的视线（图6-75）。地形降低的方法多用于下沉广场，地形的凹陷会吸引人们的目光（图6-76）。

2. 轴线对称法

轴线是景观构成元素发展和延伸的方向，具有视觉引导性，能够暗示人们的游览顺序和视线指向。主景一般位于轴线的终点、相交点、放射轴线的焦点或风景透视线的焦点上。通过轴线强调景观的中心和重点，例如故宫的三大殿，位于紫禁城的中轴线上，两边都是对称的建筑形制，无疑是处于景观的视觉焦点上，这样的构图形式突出了中心的地位（图6-77）。

3. 动势向心法

水面、广场等一般都是设计成四面被环抱的空间形式，周围设置的景物充当配景，它们具有一个视觉动势的作用，吸引人们的视线集中在景观空间的中心处，通常主景就布置在这个焦点上。另外，为了避免构图的呆板，主景常布置在几何中心的一侧。如北京北海公园的景观环境，湖面是最容易集中视线的地方，形成了沿湖风景的向心动势，位于湖面南部的琼华岛便是整个景观的视觉焦点（图6-78）。动态的道路能够引导人们的走向，道路的尽头或者交汇处能够吸引人们的视线，把主景置于道路的交汇处，也就是置于周围景观的动势中心处，通过这种方法来突出主景（图6-79）。

图6-78 北京北海公园平面图
图6-79 道路交汇处的环岛构成

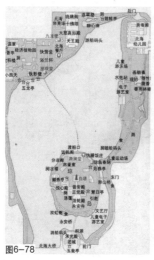

图6-78

图6-79

4. 构图中心法

构图的中心往往是视线的中心，把主景置于景观空间的聚合中心或者是相对中心的位置是最直观的凸显主体的方法，使得全局规划稳定适中。在规则式布局中，主景位于构图的几何中心，例如广场中心的喷泉，往往是视线的停留处，喷泉便成为了整个景观空间的主景（图6-80）。自然式布局中，主景在构图的自然中心上，如中国园林的假山，在山峰的位置安排上，主峰不在构图的中心，而是位于自然中心处，与周围景观协调（图6-81）。

主景是景观环境的强调对象，一般除了布局上突出主景外，还会在体量、形状、色彩、质地方面做设计以突出主景。在主景与配景的布置手法上采用对比的方式来突出主景，以小衬大、以低衬高的形式来凸显主景。有时，也可采用相反的手法来处理主配景的关系，如低的在高处、小的在大处也能营造出很好的效果，如西湖孤山的"西湖天下景"，就是低的在高处的主景（图6-82）。

6.4.2 景的层次

景观根据距离远近分为近景、中景和远景，不同距离的景色增加了景观空间的层次。在一般情况下，中景是重点，近景和远景用来突出中景，丰富了景观空间，增加了景观的层次感，避免了景观的单调和乏味。

植物会影响到景的层次，要合理进行搭配。在颜色搭配上，通常以暗色系

图6-80 喷泉是广场的视觉中心
图6-81 假山的主峰位置
图6-82 西湖孤山

图6-80

图6-81

图6-82

图6-83　植物的色彩层次
图6-84　植物的高度层次
图6-85　印度泰姬陵

图6-83

图6-85

图6-84

的常绿松柏等作为背景植物，搭配鸡血枫、海棠、木槿等色彩鲜亮的植物形成对比，再点缀以灌木植物从而形成有层次、有对比的完整景观（图6-83）。在高度上，远处植以高大的乔木作为背景，近处种植低矮的灌木和草本植物，在高度上营造景观的空间的层次感（图6-84）。

对于不同功能和形态的景观空间，可以不做背景的设计。如纪念性建筑或特定文化区域，在不影响其主要功能的前提下，设计较视平线低的灌木、花坛、水池等小品中作为近景。整体的背景以简洁的自然环境为主，如蓝天白云，以便于突出建筑宏伟壮观的景观特点，如印度的泰姬陵（图6-85）。

6.4.3　点景

对景观空间的各种构成要素进行题咏，以突出景观的主题和重点的设计手法叫做点景。根据景观环境的主题、环境特征和文化底蕴，对构成要素的性质、用途和特点进行高度概括，做出有诗意和意境的园林题咏。点景随着园林设计的不同特点，其表现手法多种多样，如匾额、对联、石碑和石刻等。题咏的对象亦多样化，亭台楼阁、轩榭廊台、山水石木等。如泰山的石刻和石碑、承德避暑山庄的匾额和扬州琼花观的对联等（图6-86）。在形式上不仅丰富了区域的文化内涵，突出区域设计的归属感，还具有导向、宣传的作用。

6.4.4　借景、对景与分景、框景、夹景、漏景、添景

造景的多样性手法有利于增强景观空间丰富的层次感，可运用中国古典园林中的借景、对景与分景、框景、夹景、漏景和添景的造景手法进行设计。

1. 借景

通过有意识的造景手法将景观区域以外的景物融入景观设计中，以此来营造丰富、优美的景观环境叫做借景。借景的多样性提升了园林景观的美感，通过借景手法将景观空间内的观赏内容无限扩展，将无限融入有限之中，扩大了景观的深度和广度。

丰富人们的感官世界是借景内容的体现，以人们的视觉、听觉、嗅觉等感官为基础来进行借形、借色、借声和借香。借形是运用渗透、融合等方式，通过对景、框景等手法将远处的山、近处的石等有价值的景观元素融入景观空间中，形成一幅可观可赏的优美画卷。借助大自然的各种声音来激发观者的情感，达到怡情养性的目的是借声的妙用。"溪谷泉声"、"莺歌燕语"、"流水潺潺"都是大自然中清爽怡人的天籁之音，借助它们可营造出"鸟鸣山更幽"优雅的景观环境，并为此平添几分诗意。借助月亮的光辉、云霞的霓裳、植物的色彩来营造丰富的景观环境叫做借色。皓月当空，借助夜空中朦胧的月色，营造安静、祥和的景观环境，如杭州西湖的"三潭印月"和"平湖秋月"等，以月色为衬托，打造了梦幻般的美景（图6-87）。月色具有美感，"日出东方，日落西山"、"火烧云"、"雨后彩虹"等元素为景观环境赋予了另一种美的享受。另外，"红瓦绿树碧海蓝天"无时无刻反映着植物和建筑色彩的搭配，互补色带给景观空间强烈的美感体验。"春暖花香"，借助大自然中植物的香味为景观环境增彩，增加人们游园的兴致，可谓既赏心悦目又心旷神怡。苏州拙政园中"远香堂"、"荷风四面亭"就是借花香组景的佳例。

借景的方式多样，有远景借助、近景借助、仰视与俯视借助和时间借助等。

（1）远景借助

把园林周围远处的美景拿来为其所用，将周边环境融为一体。一山一水一

图6-86　泰山的石刻和石碑、承德避暑山庄的匾额、扬州琼花观的对联

图6-86

世界，多元素的相互融合，增加了与大自然的亲密相融，使景观环境返璞归真，人们在这样的设计中得以纯真的美的体验。如避暑山庄借磬锤峰，在四面云亭可远眺磬锤峰；无锡寄畅园借惠山等（图6-88）。为了使借得的景观能够更好地融入景观环境中去，需要利用景观空间中的有利地势，避免视线的阻隔，可以设置专门赏景的地点，如登高台、山顶的亭子等。

（2）近景借助

把与景观空间相近的美景融合到一起，使景观环境中的各元素相互影响，依托融合，营造浑然一体的景观环境。可借用的景观元素多样，无论是山石水木、亭台楼阁、轩榭斋廊等，都可以为景观环境添彩。如苏州沧浪亭借邻园的河水营造假山、驳岸和复廊等景观设施，并且透过院内不封闭的围墙可观园外潺潺河水，而园外也可透过漏窗一睹院中美景，使得院内园外景色相得益彰（图6-89）。依山傍水，风光旖旎，各构成元素的相互融合是近景融合美的体现。

图6-87　杭州西湖的"三潭印月"和"平湖秋月"
图6-88　借磬锤峰的避暑山庄和借惠山的无锡寄畅园
图6-89　苏州沧浪亭的驳岸和复廊

（3）仰视与俯视借助

仰视与俯视借景的方式是相互补充、相互对应的，是针对高度的借景。仰视多借助高处的景色，缥缈的星空、高耸的建筑物和蓝天白云等，如北京的北海借助于景山、南京的玄武湖借助于鸡鸣寺等（图6-90）；俯视借景是在高处俯视下方，将四处的景观尽收眼底，丰富景观空间（图6-91）。

（4）时间借助

对时间、四季更替所产生的景观元素的借用，是由大自然随着时间更替呈现的变化与固有景观二者相互融合搭配而形成的，如太阳的东升西落，为一天中时间的变换为依托而产生的景观变化。四季的交换更替，"暖暖春风青草绿，炎炎夏日绿树荫，瑟瑟秋天层林染，皑皑白雪冬天肃"都是时间更替所产生的景观现象，如"苏堤春晓"、"曲院风荷"、"平湖秋月"和"断桥残雪"都是因季节而借，分别对应春、夏、秋、冬四个季节（图6-92）。

图6-90 北海仰视借助于景山和玄武湖仰视借助于鸡鸣寺

图6-91 俯视借助

图6-90

图6-91

2．对景与分景

在园林景观中通常用对景与分景的手法创造相互呼应的景观环境。

（1）对景

以位于景观绿地轴线和风景线透视端点的景为对景。在景观观赏点提供游客休息区与观赏区，如亭台楼阁、轩榭斋廊等，使游客体会对景的精彩。正对与互对是对景的两种方式，北京景山上的万春亭是天安门—故宫—景山轴线的端点，成为主景，位于景观轴线的端点处，是正对景观的展现（图6-93）。在景观轴线的两端或附近设计观赏点为互对，如颐和园佛香阁和龙王庙岛上的涵虚堂则是互对景观很好的体现（图6-94）。

图6-92 "苏堤春晓"、"曲院风荷"、"平湖秋月"和"断桥残雪"

图6-93 万春亭与天安门—故宫—景山轴线

图6-94 颐和园佛香阁和龙王庙岛上的涵虚堂互为对景

图6-92

图6-93

图6-94　　　　从涵虚堂上远观佛香阁　　　　涵虚堂　　　　佛香阁

（2）分景

在我国的园林设计中多以曲径通幽、错落有致、虚实相交、欲露还藏的方式来表现园林景观的含蓄美。营造景中景、园中园、湖中湖、岛上岛的园林景观，以体现园林的意境美。在营造手法上采用分割的方式，使园林景观层层相扣、园园相连，体现了空间层次的多样性、丰富性，这体现了景观设计的分景处理手法。分景又分为障景和隔景两种。

① 障景

障景也叫抑景，在景观环境中起到抑制、阻挡视线作用的叫做障景。通过对视线的阻挡，从而引导人们改变游览的原有路线，使人们在视线的引导下，体会到"山重水复疑无路"的豁然感，感受到中国园林景观的"柳暗花明又一村"的视觉体验。这就是欲扬先抑的表现方法，在绝境中体悟峰回路转的释然感。对于障景手法的运用，使得人们对于景观的探索感油然心动，迫切地探求隐藏于"障"之后的景色。

障景的运用多以高大建筑或树木为主题，高于人们的视线，常设置于景观的入口或道路交汇处，是人们在欣赏的过程中不经意间阻碍了视线，而跟随引导的视觉点欣赏到别有洞天的景色（图6-95）。

② 隔景

"隔"是将整体的景观划分成不同的区域和不同的空间，在不同的空间中又蕴含独自的景观，避免各景区的相互干扰。用水域、植物、建筑物和土丘将景观环境划分开，摆脱单调乏味的清一色设计，使景观变化丰富多样（图6-96）。各个区域形成对比，增加了观者的视觉享受，避免了单一景观形式对人们产生的视觉疲劳。

图6-95 景观园林中的障景

图6-95

图6-96　利用挡土墙和植物等形成隔景

图6-96

　　隔景对于景观设计的作用是不可或缺的，在同一区域内运用隔景使人们在欣赏景色的同时消除对不同形态的景观产生的不协调感和突兀感，使分隔的各区域景观各具特点，增加人们的好奇感与探索感。

　　在景观环境中，利用框景、夹景、漏景和添景的处理手法使景观立面更加丰富多变，意境优美，增强景观的艺术感。

3. 框景

　　框景就是将景色置于框架之内，将优美的景色通过墙面镂空的窗户、门框、树框、山洞和建筑之间错落所形成的空间展现出来，犹如装裱在一个框架内（图6-97）。《园冶》中谓："籍以粉壁为纸，以石为绘也，理者相石皱纹，仿古人笔意，植黄山松柏、古梅、美竹，收之圆窗，宛然镜游也。"如在苏州园林、扬州瘦西湖的吹台采用了此种处理手法（图6-98）。优美的景色通过框景成为视觉焦点，在人们观赏之时，由框景内的景色引发人们对于景观空间的好奇感和求知感，增加了游览的兴趣。

　　框景的营造需要讲究构图，做好景深的处理。景框作为前景，优美的景色作为欣赏的主景，位于景框之后，体现了景观空间的层次感，增强了景观环境的艺术表现力。框景利用景观中的自然美，利用绘画的艺术手法创造出一幅生意盎然的自然画作（图6-99）。

4. 夹景

　　景观环境中，通常会有一些区域的景色较为匮乏，不具有观赏的美感，如大面积的树丛、树列、山丘和建筑物等，把这部分区域加以屏障，形成两边较封闭的狭长空间叫做夹景（图6-100）。这种处理方式突出了对景，起到了遮丑的作用，起到景深的效果。

图6-97 窗框、门框、树框和山洞

图6-98 扬州瘦西湖的吹台

图6-99 框景营造的优美画面

图6-97

图6-98

图6-99

图6-100　夹景

图6-100

5. 漏景

　　漏景是由框景延伸而发展来的景观设计手法，它的特点是将此区域的景色表现得若隐若现、似有似无、委婉而含蓄，给人们视觉的新鲜感。所表现的形式有镂空式花墙、窗户、隔断和漏屏风等。所漏的景物优美，色彩多以亮丽、鲜艳为主，具有观赏性（图6-101）。

6. 添景

　　添景是在较为空旷的区域，点缀小品设计以增加景观空间的过渡性，使整体的视觉空间不至于太空旷、单调，与周围的景观形成层次感，营造景深的效果，增加视觉美感。如在园林入口摆放象征此区域的文化石或雕刻，造型与整体景观相匹配的纪念性建筑物等（图6-102）；湖边种植垂柳增加湖水平面的高度与垂柳高度的视觉对比，使整个画面层次分明、错落有致，清爽宜人（图6-103）。

图6-101　漏景

图6-101

图6-102　园林入口摆放的
象征此区域的文化石和雕刻
图6-103　垂柳增加湖水平
面的高度与垂柳高度的视觉
对比

图6-102

图6-103

6.5　景观空间序列的组织形式

6.5.1　空间

1. 空间的特质

在景观空间设计中，通过运用不同的构思方法和处理手法，可以营造不同特质的景观空间。景观空间按形式可分为安静的空间、热闹的空间、孤独的空间、幽隐的空间、豪华的空间、质朴的空间以及有宗教气氛的空间等，每种空间的特质根据所设计空间周边的概况，以及特定的使用人群来确定（图6-104~图6-108）。景观空间按形态还可分为静态空间和动态空间，静态空间主要是人在特定位置休息或停留时，所观赏的特定的景致；而动态空间，需要人通过行走、运动来逐渐展开对空间内景物的欣赏。我们谈论时所谓的开敞空间、封闭空间和纵深空间是按空间的开闭情况进行定义的，而确定空间的形式和特质是景观设计的第一步。

图6-104　安静的空间
图6-105　热闹的空间

图6-104

图6-105

图6-106　幽隐的空间
图6-107　豪华的空间
图6-108　质朴的空间

图6-106

图6-107

图6-108

（1）开敞空间

在开敞空间里，人的视线是不受阻挡的，是高于周边景物的。开敞空间可以说是外向的，它可以将视线无限延展，把人们的视线和注意力引导到外部空间（图6-109）。不受阻挡的视线可以无限延伸，于开阔中感悟景观空间的豁达性，从而心生明朗、宏伟之感。在空间开敞写照中"登高壮观天地间，大江茫茫去不还"是一个最突出的例子。开敞空间最突出的景观环境就是辽阔的平原和苍茫的大海，但是开敞空间也存在着近景感染力缺乏的问题。

（2）封闭空间

在封闭空间里，人的视线被周围景物遮挡而受阻碍。封闭空间是内向型的空间，形成一种宁静的限定的空间范围，将人的视线集中在空间的内部。从区域范围来看，山沟、盆地、林中空地等均属封闭空间，而中国传统的四合院更是内向型封闭空间的典型例子。景物布置的丰富性及所具有的近景感染力是封闭空间的一个特点。在封闭空间里面人们往往能感觉到空间的幽深，但是也会有闭塞的感觉（图6-110）。

图6-109　开敞空间
图6-110　封闭空间

图6-109

图6-110

（3）纵深空间

纵深空间强调的是空间的长度，体现了景观空间的景深感。在景观环境中，多利用两边的密林、建筑、山丘等来遮挡人们的视线在道路、河流或山谷等狭长的地域中营造纵深空间。纵深空间有着很好的视觉导向作用，会指引人们注意纵深空间的尽头，吸引人们的视线，通常在此焦点处布置风景，这种方式叫做聚景或夹景（图6-111）。

上述三种对比强烈的空间，能够给人三种完全不同的感受。在园林设计时要三种空间恰当配合，在空间上给人以变化无穷的感觉。

2. 空间的对比

（1）造型对比

在纵向空间与横向空间之间以及曲折空间与规整空间之间往往进行形状的对比。通过空间形状的对比，可以强化空间的感染力（图6-112）。法国南锡斯坦尼斯拉斯广场群，由三个广场空间组成，北端为长圆形的往事广场，一个狭长的跑马广场位于中间，长方形绿地位于其南侧。四周完全不同的建筑处理方式形成的三个广场，当人们在其间可以感受到强烈的空间的对比和变化，很大程度上丰富了广场建筑空间的体验（图6-113）。

图6-111 纵深空间
图6-112 景观空间造型的对比
图6-113 法国南希斯坦尼斯拉斯广场群

图6-111

图6-112

图6-113

图6-114　山与水虚实对比
图6-115　墙与窗虚实对比
图6-116　植物与建筑虚实
对比

（2）虚实对比

虚与实是在对比中产生的：山和水相比，山为实，水为虚（图6-114）；与实墙相比，漏窗是虚的（图6-115）；植物与建筑相比，植物是虚的，建筑是实的（图6-116）。景观设计利用虚实的手法，以虚衬实，以实破虚，实中有虚，虚中见实，从而达到丰富视觉感受、增强美感形式、加强审美效果的作用。

6.5.2　道路系统

如果说空间是景观设计中的"点"，那么交通道路系统则为景观设计中的"线"，充当连接空间的作用，人们经由一个空间再到另一个空间要通过道路来完成，空间的意义在于人们的参与和感知，并且唯有通过道路人们才能通过、靠近、环绕于这些空间之中。能够决定感知或视觉展现特征、速率和序列的道路系统在任何景观设计中都是一项重要的因素。

空间是相对静止的，而道路则是为提供运动而存在的。道路提供了动态的视觉，对于一处景物，人们很难总是位于固定的某一视点进行观赏，景观格局也是通过人在行走中变换的视点而形成统一完整性的，因此，在道路的设计过程中，交通越流畅、视点越多、序列越完整，景观体验和视觉效果就越丰富。

189

1. 道路的功能

（1）组织交通、提供运输、完成运动

对于城市交通道路来讲，其最重要的功能就是组织交通、运输，满足从一地区到另一地区的人流、车流。对于园路而言，同样也有着聚散、疏导人流、运输货物的作用。

（2）引导视觉、导游作用

除了组织交通运输的功能外，道路还有另一重要的功能——引导视线、导游作用，这种功能在园路的设计中尤其重要，通过对园路的组织和安排，可以引导游览人群按照设计的意图、路线和特定的角度来欣赏景观，并能形成一定的景观序列，由对单个的景观空间的印象串联成完整连续的构图，也创造了步移景异的感官体验。另外，由于人们的视线较多停留在行走过程中的正前方，所以，园路的方向引导着人们的视线，当期望游人看向道路一侧的景观时，可以将道路做一定的弯曲，其方向指向特定的景观节点。在设计时还要考虑园路与景观节点的有机结合。

（3）划分空间

道路系统，不管是城市街道还是园林内部的道路都能够将空间划分成多个功能分区，道路如同一个大网格，每一网格内都有特殊的用途，大网格中还有许多的小脉络，这个系统就犹如一体的脉络。

2. 道路的类型

道路按交通方式的不同，可分为步行道和车行道两大类，通常一个场地在设计的过程中，要兼顾人行和车行的道路。而按照空间的类型来分，道路可分为公园道路、居住区道路以及城市公路等。城市道路分为快速公路、一级道路、二级道路、三级道路、四级道路这五大类，城市道路的设计属于规划范围，在此仅以园区为例，分析园区景观的道路系统。

游人的多少决定了园路的尺寸以及密度，景观空间内的主要出入口、娱乐区、展览区等人口较为密集的地区园路的宽度和密度可以适当增加，而安静休闲区的园路宽度和密度可减小。根据使用情况可以细分为主要道路、次要道路和休闲小道这三大类。

（1）主要道路

主要道路要贯穿于园区的各个功能分区，沟通主要出入口，应考虑消防车的通行。一个园区的主要道路宽度要根据空间场地的大小而定，一般而言，小于2万m^2的场地，主路宽在2.0~3.5m之间较为适宜；场地面积在2~10万m^2，主路宽度应为2.5~4.5m；面积大于10万m^2，小于50万m^2的场地内，主路宽度应在3.5~5m之间；面积大于50万m^2的主路可设为5~7m宽（图6-117）。

（2）次要道路

次要道路为园区的支路，沟通各个分区的小景点以及建筑。小于2万m^2的次要道路宽1.2~2m；面积在2~50万m^2的园区，此类道路宽宜在2~3.5m之间；大于50万m^2的空间，路宽宜在3.5~5m之间（图6-118）。

图6-117　主要道路
图6-118　次要道路

图6-117

图6-118

（3）休闲小道

休闲小路是为满足行人散步、游览等活动而设计，通常满足1~3人并排行走即可，因此，路面宽度应在0.9~3m之间浮动（图6-119）。

3. 道路系统的序列形式

（1）串联式

由单条主路穿越景观空间，其余支路为辅助主路而设计。通常，串联式的道路能够形成有一定顺序性和方向性的序列。串联式道路一般有两个主入口，强调其可通行性，人们通常从串联式道路的一端进，另一端出，可充当走廊或过道的作用（图6-120）。

（2）并联式

由两条或多条主要干道平行贯穿于场地中，在场地内若有不同风格的景观，可设两条或多条主要道路为方便对不同的景观类型进行欣赏（图6-121）。

（3）环形式

通常在场地内部的边缘布置一周的道路，有一个主出入口，和其他方向的次入口。环形道路能够形成最佳的游览路线，可以观赏全园的景色（图6-122）。

图6-119　休闲小道
图6-120　串联式道路系统
图6-121　并联式道路系统
图6-122　环形式道路系统

图6-119

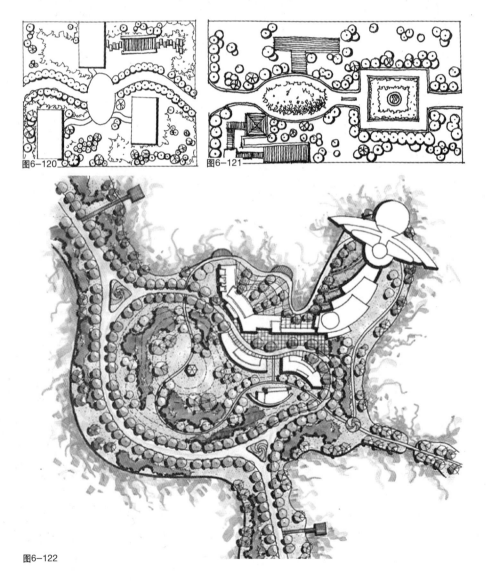

图6-120　　　图6-121

图6-122

（4）多环式

多环式的道路可把空间划分为多个岛状式区域，有两个或多个同心环形道路。多环式道路系统能将重要景观集中在中间环岛，外圈景观可相对松散（图6-123）。

（5）放射式

有一个中心景观，向外发散道路，西方古典园林常用这种道路形式，以形成一定的向心性和统一性，如以凯旋门为中心的放射式道路（图6-124）。但此类道路由于方向较为分散，且交于中心景观，在人多的情况下易导致交通的混乱。

（6）分区式

在较大的场地内，多用分区式道路形式连接各个功能区和景点。

4. 道路的设计原则

（1）考虑人们在行走过程中的最短距离，注意人们抄近路的行为（图6-125）；

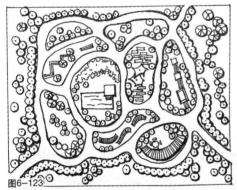

图6-123　多环式道路系统
图6-124　放射式道路
图6-125　道路设计符合人们抄近路的习惯

图6-123

图6-124

图6-125

193

（2）车行道路和人行道路尽量避免交叉，保障行人安全；

（3）按照场地边缘线布置车行通道，考虑景观空间的出入口；

（4）要与地形、植被达到适应和统一，让道路融入景观中去；

（5）创造连续展示景观空间或者欣赏前方景色的透视线；

（6）园路的设计要符合场地的整体风格，规则式或自由式要以场地特质来定；

（7）路面的铺装材料要耐磨、要有稳固的地基，保障路面不会塌陷；

（8）车行公路的设计应减少道路的交叉，加宽曲率；

（9）公路应尽可能沿等高线分布，注意道路排水系统，坡度的设置要保证安全性；

（10）建立良好的信息导向系统，方向标和指示牌要简明易懂，具有完整性；

（11）道路的设计不能破坏景观的完整性，避免场地被道路所分割，尤其是较为宽阔的车行道；

（12）除特殊场合外，道路的交通性是最主要的功能，其次是游览价值。

6.5.3 景的观赏

在探讨景观序列的同时，除了要了解空间以及道路系统之外，还要了解景的观赏，有了合理的景的观赏点和路线，才能形成完整优美的景观序列，景的观赏是景观序列形成的前提基础。

1. 景的动态观赏和静态观赏

景的观赏可分动静，即动态观赏与静态观赏。在游客游览过程中，往往是动静结合，所谓的动就是游动，静就是休憩，如果游而无息往往会使人筋疲力尽，然而息而不游又会使游览失去意义。一般在园林绿地总体设计过程中，会从动静两个方面进行考虑。景观空间的座椅以及亭廊的设计是为了提供景的静态欣赏，景观道路则是为了提供景的动态欣赏。大园的设计应该以动观为主，小园的设计则以静观为主。

（1）动态赏景

在游览过程中，视线与景物有相对位移称之为动态观赏。如欣赏一幅连环动画，由各个画幅连贯而组成一个序列，一个景色接着一个景色地呈现在眼前，形成连续的景观动态构图。景观的动态观赏可以通过乘车、走路、骑马等方式进行，但不同的移动方式带来不同的观赏效果：乘车时，由于速度较快，注意力常集中在建筑以及景观的轮廓线和体量感；而步行时，由于视野开阔、行走闲散，注意力多集中在正前方，视线更为自由和分散。

（2）静态赏景

静态观赏是指视点与景物位置不变。如同观看一幅优美的风景画，整个画面便是一个静态的构图，我们通过静态观赏可以看到空间的主景、配景、中景、近景、远景以及侧景，或是这些景致的合理组合，静态空间的设计应使自然景物、人工建筑、植被绿化等都有机地结合起来，优美的静态观赏点如同画家或摄影师的作品。

人们在进行静态观赏时，常常将注意力集中在景物的细部处理上，为了在静态观赏时有良好的视觉效果和感官体验，可在景观整个序列中配置一些能够引起人们进行仔细欣赏的景物，这些景物可以是具有特殊造型的植物、具有特色的漏窗、亭台等，或是设计独特的景观小品。

2. 观赏点与景物视距（观赏视线）

立足点是人们观赏景色的位置，也叫视点。无论是动态观赏还是静态观赏都需要这样一个位置，它决定了人们观赏景色的距离、人们视线的范围以及观景的效果。观赏点和观赏视距的合理与否直接决定了景的欣赏体验，视点的设置要能从最佳角度展示景色的美，要错落有致、抑高就低有近有远，便于远观整体之形势，近感材质之细节。

对于正常人来说，明视距离为250m，当距离达到400m的景物就不能够被完全观察到了，当观赏距离大于500m时，景物看起来就是模糊的，当被观赏的景物在250～270m就能清晰地看出景物的具体轮廓，但是要想更加清晰地看清景物的细节部分，观赏距离就要缩得更短甚至几十米之内了。在正视时，当观者保持头部不转动的情况下，视域的垂直明视角为26°～30°，水平视角为45°，如果超过这个范围则需要观者转动头部才能继续观赏景物。当人通过转动头部和身体进行观赏时，景观的完整度就受到一定的影响，并且容易使人产生观景的疲惫之感。

观赏效果不仅与人本身的观赏距离和观赏角度有关，还与被观赏景观的尺度有关。景物尺度越大，则观赏距离越远，通常合适的视距大约为景物高度的3.3倍；观赏小型景物视距约为景高的3倍。对于景物的宽度，视距约为其1.2倍时最佳。景物高度与宽度之间的大小关系不同，则库尔德视距的因素也不同，如当宽度大于高度时，要根据高度和宽度综合考量视距大小；当高度大于宽度时，要依据垂直视距来决定。在平视且静态观景的情况下，水平视角不超过30°为原则。

3. 俯视、仰视、平视

根据观赏点高度的不同可将景物的欣赏分为俯视、平视和仰视三种。俯视是指站在高点向下观望，景色尽收眼底；仰视是站在低处瞻望高处景物；在平坦地形之上或湖水之滨观赏景物多为平视。这三种观景方式的观赏对游人的感受各不相同。

（1）平视观赏

平视就是在观赏过程中视线平行向前，不用抬头或者低头就能够轻松展望，平视在观赏过程中给人带来平静、安宁、深远的感受，同时也是一种最舒服、不易产生疲惫的观赏方式（图6-126）。由于平视风景过程，在透视中不能使与地面垂直的竖向线条消失，造成对视觉的感染力较小，而由于存在着能够产生深远消失感的平行于视线方向的线条和结构，使人具有强烈的纵深感受。在景观绿地中的安静区、疗养区、休息区、滨水区等空间可以运用平视的观景方法，创造恬静、安详的空间感受，如西湖美景多以平视为主，创造开阔的视野，带来安静和优雅（图6-127）。

图6-126 平视观赏给人宁
静的感受
图6-127 西湖美景以平视
为主
图6-128 高视点景观

图6-126

图6-127

图6-128

（2）俯视观赏

当游人处在较高的观景点时，如果景物处于视点的下方，平视则不能使景物映入人的眼帘，此时必须低头向下俯视景观，在俯视观赏的时候，产生方向朝下的消失感，也就是说景物高度越低，就越显得小，所谓"一览众山小"便是俯视带来的境界。俯视观赏容易形成开阔、惊险的景观效果。山地的景观设计常在高处设置观景台，便于游人进行攀登和俯视的欣赏。现代景观设计中常考虑在高层建筑上设俯视景观（图6-128）。

（3）仰视观赏

仰视是人们近距离观赏较高的景物时采取的仰头姿势，以便观得物体的全貌。当仰视时，物体上与地面成垂直关系的线条会有向上的消失感，故产生庄严肃穆和宏伟壮观的气氛（图6-129）。在景观中，若要创造景物的高耸感应把观赏点置于景物高度的一倍以内，并且不提供向后退的空间，利用人仰视景物时产生的错觉，强调了景物的高大。人们在观赏一处伟人的雕塑、一座纪念碑时都必须以仰视的方式欣赏（图6-130）。

平视、俯视、仰视的观赏，各有其特色，或强调空间的平静、或暗示空间的开阔、或增强景观的宏伟，在完整的空间序列中应结合这三种观赏方式，营造感官体验丰富的景观空间，优秀的空间序列使人时而登高远眺、时而细细观赏、时而静静仰望。

图6-129 仰视时景观带来
高大宏伟感受
图6-130 仰视景观

4. 风景线

人们观赏景物时所处的观赏点和景物之间的视线，称为视景线，也叫风景线。景的观赏，除了选择好的观赏点和观赏视距，还要对风景线进行布置，主要从景物的"显"和"隐"来讲。面积较小空间紧凑的景观宜隐，空间开阔的大型景观宜显，在实际的空间序列中要隐、显相结合，有隐有显，收放自如。

（1）彰显的风景线

用"显"的处理手法能使景观呈现出开门见山的大气、开阔的特点，这种处理手法常以对称的中轴线引导游人的前进，主要的景观节点始终呈现在行进的正前方，指引和暗示人们前行，轴线两侧布置次要景观，丰富感官体验。这种处理手法在纪念性景观和规模庞大的建造群中较为常见。如法国凡尔赛宫前的园林、南京的中山陵、北京天坛公园等（图6-131）。

图6-131 彰显的风景线易
于表现景观的宏伟庞大

（2）隐蔽的风景线

这种隐蔽的处理手法将景物处理得深藏不露、由连贯的多条风景线逐步将景色展现出来，游客在探秘似的好奇心的驱使下探索前进。隐藏式的风景线可以选择从景观的正面展开或者从景观的侧面甚至背后引入，从而让人感受到深谷藏幽、峰回路转、柳暗花明、豁然开朗的情境。一些中国古典园林的入口处通常运用隐蔽的风景线，如拙政园的入口用景墙遮挡住内部景观（图6-132）。

（3）隐显结合的风景线

隐与显结合的处理手法是最为常用的手法，能够创造出具有强烈吸引性的空间序列，主要景观节点忽隐忽现、半隐半现，由多个部分、多个角度，通过引导使人进一步的探究，最终完全展示（图6-133）。

6.5.4　景观空间的序列

景观空间、路线以及观赏视线是作为形成景观序列的前提基础，规划的本质是体验，将这些点串连成线，再由线成面，进而由一维到二维再到三维，最终加入时间，这第四维度的内容。柯布西耶在《空间的新世界》中提及："第四维空间是由于使用造型方法的一种特别恰当的和谐所引起的无限逃逸之时刻。"

图6-132　拙政园的入口
图6-133　隐显结合的风景线

图6-132

图6-133

1. 空间序列的感知

比景物本身更为重要的是景物与观赏者之间的联系。从某种意义上来讲，一片花丛如果不被看见或是记住，等同于不存在。一颗处于远处的大树，对行人来讲意义并不大，若是走近大树会感受到树下的阴凉，观察到树干的纹理、叶片的形状，甚至嗅到花香等多种感官体验。因此，我们设计的不仅是一个空间的位置、布局，还要考虑景物与人之间的关系以及互动。并且，人们对一个空间的感受取决于他们先前的体验经历和对未知空间的期望值。当经过一段灼热、漫长的走廊后，人们渴望走入阴凉的藤架；当经过空间封闭、视线局促的地点时，期待视线自由开阔式的迷人风景。

规划的本质不仅仅是单一的体验，而是一连串的感知体验，这就是景观空间中的序列。规划的每一种体验相互作用、相互影响，使之效果得以提升。当人们在空间序列中运动时，会引发对上一种体验的回忆，以及对下一种体验的憧憬，在规划景观空间序列时要时刻分析使用者的感官体验，让序列中的每种体验都使另一个以及全部的体验更加完善。规划的序列往往能够刺激运动、指示方向、渲染气氛等。

2. 景观空间的序列类型

景观空间的序列类型分类各种各样，它可以是简单的、复杂的、综合的，或者是连续的、间隔的、变换的，可以是发散的、聚集的，也可能是短距离的或是漫长的。序列的规划可以是自然随意的，也可以是精心布置的。通常我们将景观的序列大致分为三种展现程序：一般序列、循环序列以及专类序列。

（1）一般序列

景观空间的一般序列通常由起景逐步发展到高潮而结束，这称为景观空间的二段式展示程序；或经过起景，发展到高潮，再到结束，称之为三段式的展示程序。一般简单的空间序列可以用两段式的展示手法，如一些寺庙景观，由入口到神殿的整个过程被设计为从世俗世界到极乐世界的过渡，由入口简单的道路开始，向内逐步增强庙宇景观的庄重、祥和的气氛，最后到达作为高潮的神殿而结束。大多数较复杂的景观空间，具有三段式的空间展示程序，在此期间由入口平淡的景观到中间丰富的高潮，再经过转折、收缩最终结束整个序列。

（2）循环序列

为了容纳更多游客的活动需求，多数综合性的景区或者园林采用多向入口和循环道路系统，用于多景区景点的划分，也被称作是分散式游览线路的布局方法形成的空间序列。以环状道路连接各个景点的景观空间，能够方便游人的游憩观赏，自入口为起景，将主景区的主景物作为构图中心，循环布置景观和序列。景观空间的循环序列成为现代众多公园、居住区常用的典范。

（3）专类序列

专类序列是依据某些构成要素的专属特征并以某一主题为线索来进行的景观环境设计这些专类活动，包括植物园中对植物演化组织序列、动物园中从低等到高等的演化序列、以及其他主题公园等。这些空间的展示按照特定主题的要求布置序列，因此，称为专类序列。

6.5.5 景观序列的创作手法

景观序列的创作手法同景观园林的造景手法并不相同，二者一个是针对全园的统筹规划，一个是对三维空间范围内的搭配布局。两者既有联系又有区别，都要运用各种艺术手法，这些手法又离不开形式美法则的运用。

1. 景观空间的主调、配调、基调、转调

多个景观空间以及各个景观构成要素的有机结合构成了景观的序列。一个优秀的景观序列要有统一的基础，在统一的基础上又要寻求变化。基调就起到了统一景观序列的作用，促进了景观空间的协调。如大面积成片的树林充当了一个景观空间背景或底色，为整个空间序列的基调做了铺垫。而景观空间序列中的主调可以是公园中作为主景和前景的一组建筑群，或是一片美丽的湖泊，反之，配合这些主景的配景则称之为景观序列的配调。转调是景观序列中连接两个不同功能或风格的空间的过渡景物。不同的空间序列区段进行相互过渡时，容易产生新的基调、主调和配调，会带给观者渐变的观赏效果，体现了风景序列的调子变化。

2. 景观序列的开合起结

构成景观空间序列的元素，无论是起伏的地形、蜿蜒的水流或是错落有致的植物群落都要遵循一定的美学韵律，做到开合有致、收放自如。以水体为例，开为水面扩大或形成分支，合为水之聚集汇合；起为水之来源，结为水之去脉。用水体的来龙去脉、起结开合来营造活跃的气氛，如北京颐和园的后湖、承德避暑山庄的分合水系。同样，形成序列的几个空间也要形成一定的开合对比，以形成有丰富体验效果的空间序列。

3. 景观序列的断续起伏

景观序列的断续起伏要运用地形及园路的变化来创造。这种景观序列的创造手法，使景物断续地出现在游人的视线之中，在起伏高下的景观道路中能取得引人入胜、渐入佳境的观赏效果。当人们步入地势较低的空间时，景的欣赏方式为仰视，视线被周围高处景物遮挡，远处主景被隐藏；当人们走出谷底登上高处时，即可以俯瞰低处景物又可以眺望远处风景，从而产生变化丰富断续起伏的景观效果。

4. 季相与色彩布局

景观序列的季相美和色彩布局为景观增添主题特征，季节的变换形成各异的景观：冬日茫茫的白雪、夏季青翠的树木、春季烂漫的野花、秋季绚烂的色彩。造成季节景色多变的最主要构成因素是景观植物，植物是园林景观的主体，同时也有着独特的生态规律，利用植物不同季节的色彩和造型变换，再结合恰当的建筑、道路、小品等要素，能够创造绚丽多彩的景观效果和序列空间（图6-134）。如拙政园中有四座亭子：绣绮亭、荷风四面亭、待霜亭、雪香云蔚亭，分别为春、夏、秋、冬四亭。绣绮亭四周种植牡丹，在春季牡丹花开，

图6-134 景观空间的季相

景色宜人；荷风四面亭，顾名思义，四周环水，植有荷花，成为夏季的一道亮丽风景；待霜亭四周种有橘子和枫树，秋日橘子和枫叶变红；雪香云蔚亭作为冬亭，四周种植腊梅花，梅花香称为雪香，云蔚是指花木繁盛。由此构成拙政园中的季相和色彩布局。

5. 景观序列的动态布局

景观空间中的建筑群或者景观空间建筑物的布置能够体现景观序列的动态布局。这些建筑物在园林景观中的面积往往不到百分之五，但经常作为景观空间中的构图中心，其作用为景观空间中画龙点睛的一笔。一个独立的建筑群要有入口、门厅、过道、次要建筑、主体建筑的序列布置构成。对于整个景观空间来说，从大门经过次要景区，最终到达主景区过程中，将不同功能的建筑或者景观构建物按一定的顺序排列在这个过程中，从而形成一个统一与层次共存，又能体现出空间序列形式的变化多样，并且能够完美地将美学功能和实用功能结合起来。

第7章　景观设计程序与表现

7.1　景观设计的程序

在景观设计的过程中，需要综合考量、协调并解决需求性、功能性、技术性、生态性、经济性、艺术性等问题。设计是逐渐深入、不断完善的过程。景观设计从对场地的综合考查入手，进行物质和非物质因素的多方面系统分析，从全局观出发，明确设计意象，结合空间形态的各项因素，做出概念设计，进而从空间尺感、形体结构、色彩与周边关系等方面进行深化，严格按照国家设计规范进行设计和施工方案的表现。

7.1.1　资料收集分析阶段

1. 综合考察

在进行设计之前，景观设计师应与投资方、业主进行初步的沟通，明确设计需求和意象，估算设计费用，明确设计任务，提出地段测量和工程勘察的要求，并落实设计和建设条件、施工技术、材料、装备等，综合研究以形成景观的初步形式，这有助于未来设计、管理、施工的工作效率，将商讨结果以合约的形式落实在书面上，避免日后发生纠纷。前期资料收集如下：

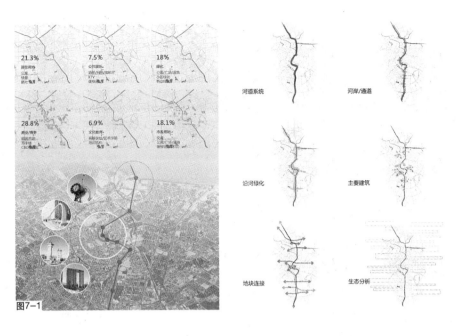

图7-1　基地环境调查分析

（1）甲方设计人员的背景资料：主要负责人资料、主管部门资料、主管领导资料等；

（2）甲方项目要求：定位与目标、投资额度、项目时间要求等；

（3）同类项目资料：国内外同类项目对比分析、可借鉴之处等；

（4）项目背景资料：所在地理与周边环境、项目自身建设条件（规划、交通、建筑等）、项目所在地的地域历史与文化特征等。

按照设计任务书上的要求，明确所要解决的问题和目标，包括景观设计的使用性质、功能要求、规模、造价、等级标准、艺术风格、时间期限等内容。这些内容往往是设计的基本依据，清晰明确的设计目标有助于理想景观意向的形成。

接下来对基地进行实地测绘、踏勘，收集和调查有关资料（图7-1），为下一步进行设计分析提供细致可靠的依据。基地现状调查内容包括：

（1）基地自然条件：地形、水体、土壤、植被等；

（2）气象资料：日照条件、温度、风、降雨、小气候等；

（3）人工设施：建筑及构筑物、道路和广场、各种管线等；

（4）视觉质量：基地现状景观、周边环境景观、视域等；

（5）基地范围及环境因子：物质环境、知觉环境、小气候、城市规划法则等。

除此之外，还应反复研读委托任务书，查阅相关条件、资料以及法律法规等内容，对项目的可行性进行评估。

2. 人文背景分析

包括项目所在地域范围内，人们在精神需求方面的调查和分析（喜好、追求、信仰等），以及社会文化分析（道德、法律、教育、信仰、宗教、艺术、民俗等）、历史背景的分析。以此作为景观设计人文思想塑造的基础。

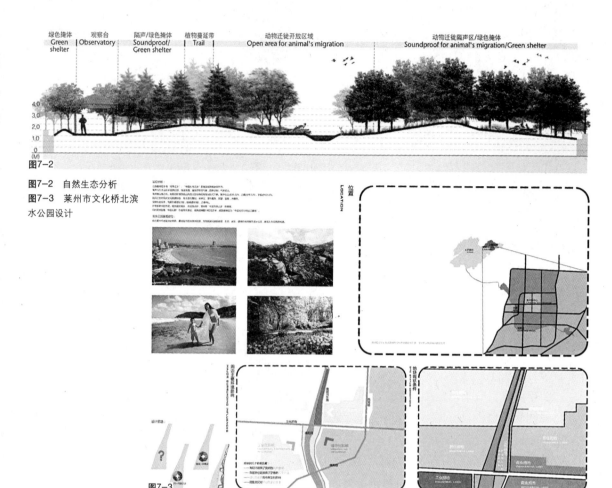

图7-2 自然生态分析

图7-3 莱州市文化桥北滨水公园设计

3. 自然生态分析

包括自然环境系统、生态分布、生物适应性等方面的分析。目的是为营造生态、环保的景观环境，维护生态平衡和环境的可持续发展等方面提供设计依据（图7-2）。

7.1.2　项目策划阶段

通过对景观设计所属地区的综合考察，通过现场测绘、踏勘等方式进行基地资料的收集和整理，对其性质和可行性做出进一步分析，通过预测制定完成标准和时间表，并对资金预算进行平衡，形成明确的设计定位，并确定设计方案的总体基调，把信息数据转化为可供设计参考的策划资料。而在这一过程中，理性而抽象的思维是工作的关键，表达则需要尽量完整、系统、清晰、简明（图7-3）。

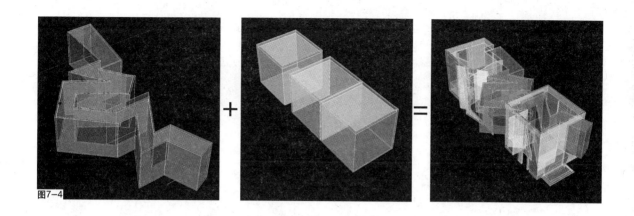

图7-4

图7-4 "转角"庭院景观空间的概念设计

7.1.3 景观方案与扩初设计阶段

1. 概念设计

基于调查资料及项目的分析得出设计的定位与目标，导入设计理念，建立概念模式和预测分析，创造性的提出解决问题的方法。并通过草图、模型、动画、说明和文本等形式表达设计意图，形成概念方案（图7-4）。

2. 方案构思

方案构思是在已形成概念的基础上继续深入，对场地整体景观有所规划和布置，保证设计的功能性和合理性。综合考虑各个方面因素的影响，创造性地提出一些方案构思和设想。设计是不断反复地"分析研究—构思设计—分析选择—再构思设计"，即推敲、修改、发展、完善的过程。该阶段工作主要是进行功能区分，结合基地条件、空间及视觉构图确定各种使用区的平面位置（包括交通的布置及分级、广场和停车场地的安排、建筑及入口的确定等内容）。图纸内容包括：

（1）设计说明；

（2）景观方案总平面图（图7-5）；

（3）分析图（包含景区分布、功能布置、空间及场所分析、交通分析等内容）（图7-6～图7-9）；

（4）主要区域景观方案设计图；

（5）主要节点的剖、立面图；

（6）主要景点透视图；

（7）园林小品的示意图片；

（8）景观设计的示意图片；

（9）经济指标（景观投资估算）。

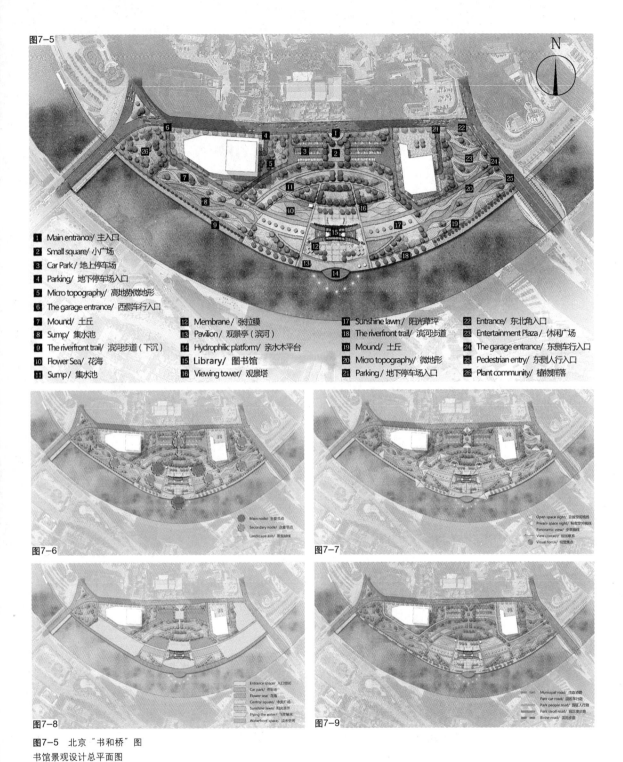

图7-5

1 Main entrance/ 主入口
2 Small square/ 小广场
3 Car Park/ 地上停车场
4 Parking/ 地下停车场入口
5 Micro topography/ 高地势微地形
6 The garage entrance/ 西侧车行入口
7 Mound/ 土丘
8 Sump/ 集水池
9 The riverfront trail/ 滨河步道（下沉）
10 Flower Sea/ 花海
11 Sump/ 集水池

12 Membrane/ 张拉膜
13 Pavilion/ 观景亭（滨河）
14 Hydrophilic platform/ 亲水木平台
15 Library/ 图书馆
16 Viewing tower/ 观景塔

17 Sunshine lawn/ 阳光草坪
18 The riverfront trail/ 滨河步道
19 Mound/ 土丘
20 Micro topography/ 微地形
21 Parking/ 地下停车场入口

22 Entrance/ 东北角入口
23 Entertainment Plaza/ 休闲广场
24 The garage entrance/ 东侧车行入口
25 Pedestrian entry/ 东侧人行入口
26 Plant community/ 植物群落

图7-6

Main node/ 主要节点
Secondary node/ 次要节点
Landscape axis/ 景观轴线

图7-7

Open space sight/ 开敞空间视线
Private space sight/ 私密空间视线
Panoramic view/ 全景视线
View contact/ 视线联系
Visual focus/ 视线焦点

图7-8

Entrance space/ 入口空间
Car park/ 停车场
Flower sea/ 花海
Central square/ 中央广场
Sunshine lawn/ 阳光草坪
Flying the water/ 飞跃碧水
Waterfront space/ 滨水空间

图7-9

Municipal road/ 市政道路
Park car road/ 园区车行路
Park people road/ 园区人行路
Park stroll road/ 园区漫步道
Binhe road/ 滨河步道

图7-5 北京"书和桥"图
书馆景观设计总平面图
图7-6 景观轴线和节点分
析图
图7-7 景观视线分析图
图7-8 功能分析图
图7-9 交通分析图

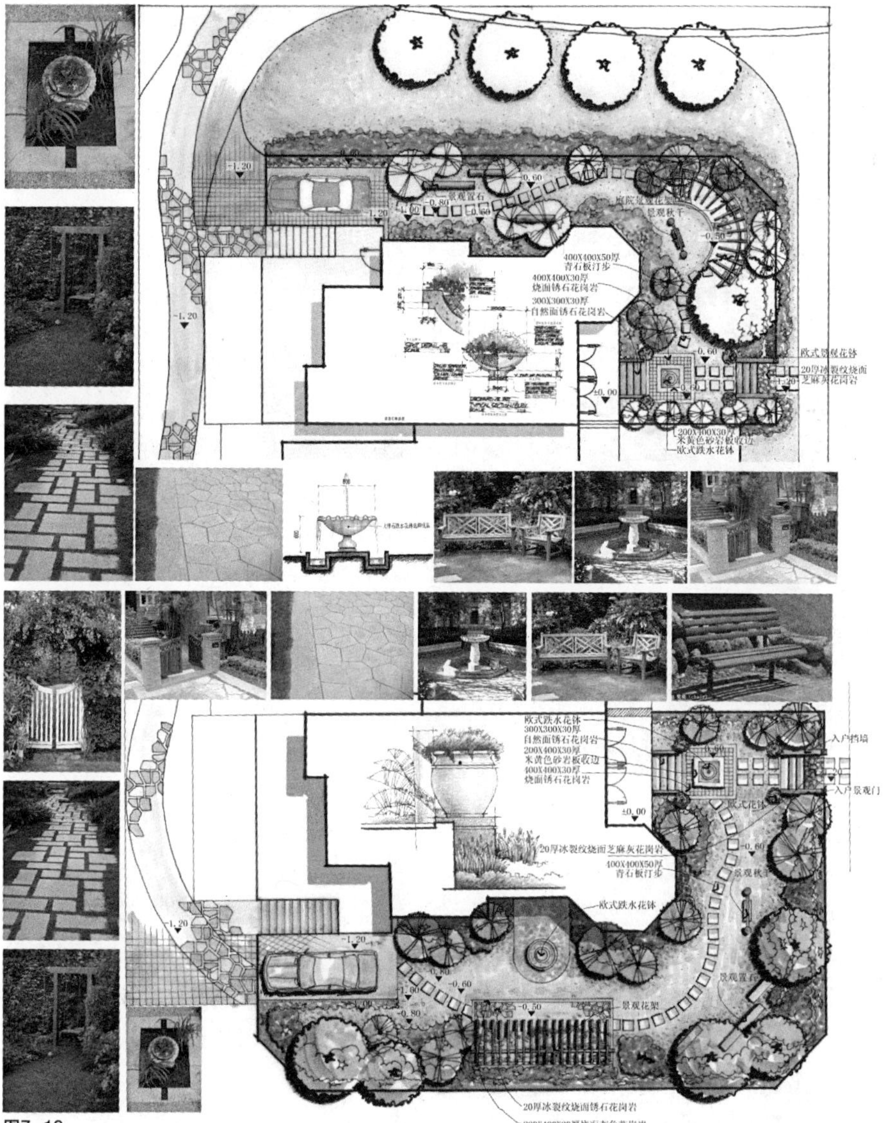

图7-10 居住区景观扩初设计

图7-10

3. 扩初方案设计

方案得到初步确定后，还需要全面地对方案进行深化，完善各方面的详细设计，包括确定明确的形状、尺寸、颜色和材料。完成各局部详细的平、立剖面图、详图、透视图、表现整体设计的鸟瞰图等（图7-10）。图纸要求包括：

(1) 设计说明；

(2) 景观初期总平面图；

(3) 局部景区放大的平面图和剖面图；

(4) 园林小品平面图、立面图、剖面图；

(5) 水体的平面图、立面图及剖面图；

(6) 景观设施的布置图（包括垃圾桶、标识牌、成品休闲椅以及雕塑摆放点等）；

（7）户外灯具布置图；

（8）定线图；

（9）植物配置图；

（10）竖向图；

（11）景观排水初步设计平面图。

7.1.4 景观施工图阶段

1. 施工图设计

施工图是项目的设计方向施工方转达设计意图、施工工艺、工程材料、技术指标等内容的途径。施工方以此为依据进行工程量核算与施工预算编制，安排材料、设备、订货及非标准材料的加工，按图施工并根据图纸组织施工验收。因此，施工图是设计方案能否实施的关键。它的主要内容包括：

（1）种植图；（2）铺装图；（3）竖向图；（4）设计说明；（5）总平面图；（6）局部景区放大平面图；（7）放线图；（8）园林与建筑界面的平、立、剖面图；（9）水体的平、立面图及施工大样设计；（10）景观小品平、立面图及施工大样设计；（11）各种铺装、景观小品的基础及结构；（12）各种室外灯具、家居型号的选择；（13）户外街景设施的选型及布置图；（14）小区景观围墙、大门施工图；（15）景观配电图；（16）景观给排水图；（17）背景音乐布置图；（18）植物名录。

2. 编制设计说明书

设计过程中，有一些单靠图纸无法清晰描述的内容，如各阶段的设计意图、经济技术指标、工程安排等。为了进一步完善设计内容，则需要用图表或文字描述的形式加以补充和说明，即为编制设计说明书，其内容主要包括：

（1）景观概括：场地所属单位的性质、特点、场地内的现状及其周围环境情况，当地的气候、土壤、水分与自然状况；

（2）景观设计的原则、特点及设计意图；

（3）场地的总体布局、几个景观节点的设计构思；

（4）场地入口的处理方法及道路系统的组织；

（5）场地四周防护林带的建设；

（6）植物配置与树种的选择；

（7）绿地经济技术指标；

（8）总的规划面积、绿地面积、道路面积、广场面积、水体面积、绿化覆盖率、人流量及人流分布等；

（9）景观材料、色彩、灯光效果的要求。

3. 景观工程预算

（1）种植工程：苗木购置费、草皮购置费、运输及种植费、种植总造价；

（2）工程设施：工程设施直接费（建筑景观、景观构筑物、景观小品、道

路广场、水景工程、照明设施)、各项工程设施施工费、综合管理费、工程设施总造价;

(3) 其他费用:场地规划设计费、不可预见费;

(4) 工程总造价

4. 工程施工及竣工验收

工程施工过程中,设计人员需要密切配合并进行全程化的跟踪监控,保障施工过程发现问题能及时指导、修正或调整,甚至补充相关图纸。施工结束后设计人员还应协助质监部门进行工程验收,从安全性、技术、美学、经济等多方面对项目做出综合评价与检测。

7.2　景观设计的表现

景观设计的表现形式和内容是基于艺术和技术等多方面构思,是景观工程得以实施的依据所在。景观设计表现的专业技能是每个设计师必须掌握的基本能力,包括绘图、文字描述、模型和动画等多种艺术形式。从概念性的构思草图到后期的宣传策略展示,从二维的手绘效果图到三维模型、动画,设计的不同阶段选择适当的表现形式不仅能更好地传达设计语言,也成为沟通设计师、投资方、使用者的有效手段。表现技法的熟练掌握和综合运用能更有效、准确地表达设计意图,获得最佳视觉效果。

7.2.1　手绘表现技法

手绘的表现方式在景观设计的前期阶段具有很广泛的运用,因为手绘的表现形式更生动、更随意、更具艺术感染力,也更加便于传达构思,因此相对于最终效果图,手绘的表现形式更多用于设计过程中的概念图、设计草图和快速设计。良好的手绘表达能启发设计思路、训练造型能力、增加艺术素养和创作水平、提高方案推敲的工作效率。

常见的快速设计技法有:速写、素描、马克笔、彩色铅笔,其他表现方式如水彩、透明水色、水粉、粉笔、喷绘等,由于绘制耗时较长、技法不易掌握而较少被运用(图7-11、图7-12)。

图7-11　钢笔加彩铅绘制的景观设计表现图

图7-12　马克笔绘制的景观设计表现图

图7-11

图7-12

7.2.2　计算机表现技法

利用计算机软件来制作景观效果图具有精确、真实、可操作性强的特点，能够清晰地将设计意图进行全面展示（图7-13）。常用的计算机绘图软件有：

SketchUp：也称为"草图大师"，着重于方案创作过程的景观设计三维软件；

AutoCAD：工程制图软件，用以绘制景观设计的平、立、剖面图以及施工图等；

3D Max：三维建模和渲染软件，功能强大、效果逼真、应用广泛；

Photoshop：平面图像编辑软件，图像处理功能主要用于景观设计的后期制作；

PowerPoint、Authorware：多媒体制作软件，可制作生成图像、文本、动画、数字电影和声音的交互演示，创造多维的艺术展示和宣传效果。

7.2.3　模型制作

模型是根据设计的图纸尺寸、比例要求、材料使用等放大或缩小而制作的实物样品。模型制作的目的可以分为构思、推敲、研究和表现，在景观设计过程中利用模型探讨方案，可以帮助设计者体会、理解设计的三维形态、空间感以及材料质感，具有直观、明确、可全方位观察等优点。模型制作可选材料很多，常见的有纸张、塑料、金属、玻璃、木材等（图7-14、图7-15）。

图7-13　景观设计效果图

图7-13

图7-14　设计概念草模
图7-15　小区建筑与景观设计模型

参考文献

[1] 翟艳. 环境心理学视阈下城市商业街景观之设计 [J]. 学术交流, 2013, 06: 184—186.

[2] (美) 诺曼K. 布思. 风景园林设计要素 [M]. 北京: 中国林业出版社, 2012.

[3] (美) 约翰·O·西蒙兹. 景观设计学——场地规划与设计手册 (第三版) [M]. 北京: 中国建筑工业出版社, 2000.

[4] (美) 麦克哈格. 设计结合自然 [M]. 天津: 天津大学出版社, 2006.

[5] 王其亨. 风水理论研究 [M]. 天津: 天津大学出版社, 2004.

[6] 彭一刚. 中国古典园林分析 [M]. 北京: 中国建筑工业出版社, 2002.

[7] 周维权. 中国古典园林史 [M]. 北京: 清华大学出版社, 1993.

[8] 苏雪痕. 植物造景 [M]. 北京: 中国林业出版社, 2012.

[9] (美) 格兰特·W·里德. 园林景观设计从概念到形式 (原著第二版) [M]. 北京: 中国建筑工业出版社, 2010.

[10] 翟艳. 王府井商业街建设的特色分析 [J]. 城市规划, 2011, 03: 94—96.

[11] 翟艳. 遂昌金矿遗迹的保护与矿山公园的规划与建设 [J]. 工业建筑, 2014, (09): 14—17.

[12] 徐磊青, 杨公侠. 环境心理学 [M]. 上海: 同济大学出版社, 2002.

[13] 度本图书DopressBooks. 心景观: 景观设计感知与心理 [M]. 武汉: 华中科技大学出版社, 2014.

[14] 陈志华. 外国造园艺术 [M]. 河南: 河南科学技术出版社, 2013.

[15] 郦芷若, 朱建宁. 西方园林 [M]. 河南: 河南科学技术出版社, 2002.

[16] 王向荣, 林箐. 西方现代景观设计的理论与实践 [M]. 北京: 中国建筑工业出版社, 2002.